Laser in der Materialbearbeitung
Forschungsberichte des IFSW

W. Pfeiffer

# Fluidmechanisch und elektrophysikalisch optimierte Entladungsstrecken für $CO_2$-Hochleistungslaser

# Laser in der Materialbearbeitung
## Forschungsberichte des IFSW

Herausgegeben von
Prof. Dr.-Ing. habil. Helmut Hügel, Universität Stuttgart
Institut für Strahlwerkzeuge (IFSW)

Das Strahlwerkzeug Laser gewinnt zunehmende Bedeutung für die industrielle Fertigung. Einhergehend mit seiner Akzeptanz und Verbreitungwachsen die Anforderungen bezüglich Effizienz und Qualität an die Geräte selbst wie auch an die Bearbeitungsprozesse. Gleichzeitig werden immer neue Anwendungsfelder erschlossen. In diesem Zusammenhang auftretende wissenschaftliche und technische Problemstellungen können nur in partnerschaftlicher Zusammenarbeit zwischen Industrie und Forschungsinstituten bewältigt werden.

Das 1986 begründete Institut für Strahlwerkzeuge der Universität Stuttgart (IFSW) beschäftigt sich unter verschiedenen Aspekten und in vielfältiger Form mit dem Laser als einer Werkzeugmaschine. Wesentliche Schwerpunkte bilden die Weiterentwicklung von Strahlquellen, optischen Elementen zur Strahlführung und Strahlformung, Komponenten zur Prozeßdurchführung und die Optimierung der Bearbeitungsverfahren. Die Arbeiten umfassen den Bereich von physikalischen Grundlagen über anwendungsorientierte Aufgabenstellungen bis hin zu praxisnaher Auftragsforschung.

Die Buchreihe „Laser in der Materialbearbeitung – Forschungsberichte des IFSW“ soll einen in Industrie wie in Forschungsinstituten tätigen Interessentenkreis über abgeschlossene Forschungsarbeiten, Themenschwerpunkte und Dissertationen informieren. Studenten soll die Möglichkeit der Wissensvertiefung gegeben werden. Die Reihe ist auch offen für Arbeiten, die außerhalb des IFSW, jedoch im Rahmen von gemeinsamen Aktivitäten entstanden sind.

# Fluidmechanisch und elektrophysikalisch optimierte Entladungsstrecken für $CO_2$-Hochleistungslaser

Von Dr.-Ing. Wolfgang Pfeiffer
Universität Stuttgart

B. G. Teubner Stuttgart · Leipzig 1998

D 93

Als Dissertation genehmigt von der Fakultät für Konstruktions- und Fertigungstechnik der Universität Stuttgart

Hauptberichter: Prof. Dr.-Ing. habil. Helmut Hügel
Mitberichter: Prof. Dr. rer. nat. habil. Uwe Schumacher

Die Deutsche Bibliothek – CIP-Einheitsaufnahme

**Pfeiffer, Wolfgang:**
Fluidmechanisch und elektrophysikalisch optimierte Entladungsstrecken für $CO_2$-Hochleistungslaser / von Wolfgang Pfeiffer. – Stuttgart ; Leipzig : Teubner, 1998
(Laser in der Materialbearbeitung)
Zugl.: Stuttgart, Univ., Diss.

ISBN 978-3-519-06239-4 ISBN 978-3-322-96732-9 (eBook)

DOI 10.1007/978-3-322-96732-9

# Kurzfassung


Die vorliegende Schrift behandelt Meßmethoden und Modellrechnungen, die für die fluidmechanische und elektrophysikalische Optimierung der einzelnen Entladungsstrecke von schnell längsgeströmten und hochfrequenzangeregten $CO_2$-Hochleistungslasern optimiert bzw. entwickelt wurden.

Die Meßmethode der interferometrischen Bestimmung optischer Weglängendifferenzen und eine Modellrechnung zur Ermittlung von Gasdichteverteilungen in Abhängigkeit von Strömungs- und Entladungsgestaltung sind über die *Gladstone-Dale* Gleichung, die Brechungsindex und Gasdichte miteinander in Beziehung setzt, verknüpft. Der Interferometer-Meßaufbau wurde dabei mit Hilfe eines neuentwickelten optischen Verfahrens zur Schwingungsdetektion optimiert.

Die Gasströmungen können sich in den kurzen Entladungsrohren nicht hydrodynamisch ausbilden, daher sind die Gasdichteverteilungen geprägt vom Einlaufverhalten der radialen Geschwindigkeitsverteilungen. Dies konnte experimentell nachgewiesen werden. Für optimierte Gasentladungsstrecken soll die durch Turbulenz erhöhte effektive Temperaturleitfähigkeit so hoch wie möglich sein und die Drallzahl der Rohrströmung in einem bestimmten Bereich liegen. Für beide Größen wurden interferometrische Meßverfahren entwickelt.

Im thermodynamisch eingeschwungenen Zustand kann die Wärmeableitung durch Diffusion über die Rohrwandungen für die Berechnung der Gasdichteverteilungen vernachlässigt werden. Das Einschaltverhalten eines $CO_2$-Hochleistungslasers wird hingegen dominant durch die exponentielle Aufwärm-Zeitkonstante der Quarzrohre bestimmt. Dies konnte durch neuartige optische Verfahren nachgewiesen werden.

Die Betriebsbereiche der Gasentladungen werden durch den Grad der Entladungsfilamentierung, durch die lokal einsetzende $\gamma$-Entladung sowie durch Choking begrenzt. Wenn die Gasströmung am Entladungsende eine *Mach*-Zahl von ca. 0.75 überschreitet, bewirkt das einsetztende Choking-Verhalten signifikante Druckverlusterhöhungen.

Die Arbeit gibt Hinweise zur Konstruktion einer Rohreinströmgestaltung und darauf abgestimmt Elektrodenformen um Entladungsstrecken höchstmöglicher optischer Qualität, Kompaktheit und Entladungsstabilität zu erhalten. Anhand einer Reihe von modifizierten und neuentwickelten Lasersystemen konnte gezeigt werden, daß ein nennenswerter Beitrag zur Laserentwicklung geleistet wurde.

# Inhaltsverzeichnis

# Liste der verwendeten Symbole

| Symbol | Bedeutung | Einheit |
|---|---|---|

**Lateinische Buchstaben:**

| Symbol | Bedeutung | Einheit |
|---|---|---|
| $a$ | Absorptionskoeffizient | $m^{-1}$ |
| $a_S$ | Schallgeschwindigkeit | $m\ s^{-1}$ |
| $a_T$ | Temperaturleitfähigkeit, Stoffwert | $m^2\ s^{-1}$ |
| $a_{T,t}$ | effektive, durch Turbulenz erhöhte Temperaturleitfähigkeit | $m^2\ s^{-1}$ |
| $A$ | Strömungsquerschnittsfläche | $m^2$ |
| $A_W$ | benetzte Rohrinnenfläche | $m^2$ |
| $b$ | Abklingparameter bei turbulenten Drallströmungen in Rohren | 1 |
| $c_p$ | spezifische Wärmekapazität bei konstantem Druck | $J\ kg^{-1}\ K^{-1}$ |
| $c_v$ | spezifische Wärmekapazität bei konstantem Volumen | $J\ kg^{-1}\ K^{-1}$ |
| $c_f$ | Rohrreibungsbeiwert | 1 |
| $c$ | Vakuumlichtgeschwindigkeit | $m\ s^{-1}$ |
| $C$ | Konstante, allgemein | – |
| $d_{Di}$ | effektive Dicke des Dielektrikums | m |
| $D_{El}$ | Luftspalt zwischen Elektrode und Quarzrohr | m |
| $E$ | elektrische Feldstärke | $V\ m^{-1}$ |
| $f_r$ | quantenmechanische Oszillatorstärke | 1 |
| $g_0$ | Koeffizient der Kleinsignalverstärkung | $m^{-1}$ |
| $G_{temp}$ | Gewichtungsfaktor der Temperaturleitfähigkeit | 1 |
| $h$ | Formexponent der turbulenten Geschwindigkeitsverteilung | 1 |
| $H_1$ | Reibungsfaktor, bezogen auf Zustand 1 | 1 |
| $I$ | Leistungsdichte | $W\ m^{-2}$ |
| $k$ | Absorptionsindex, Strahlpropagationsfaktor | 1 |
| $L$ | Rohrlänge, Länge | m |
| $\Delta L$ | optische Weglängendifferenz | m |
| $L_R$ | Resonatorlänge | m |
| $\dot{m}$ | Gasmassenfluß | $kg\ s^{-1}$ |
| $M$ | Molmasse | $kg\ kmol^{-1}$ |
| $N$ | Gesamtteilchendichte | $m^{-3}$ |
| $N_e$ | Elektronendichte | $m^{-3}$ |
| $\tilde{n}$ | komplexer Brechungsindex | 1 |
| $n$ | Brechungsindex, Realteil | 1 |
| $\delta n$ | Bereich der Brechungsindexunschärfe | 1 |
| $i$ | imaginäre Einheit | 1 |
| $p$ | statischer Gasdruck | hPa |
| $P_D$ | Verlustleistung durch Wärmedurchgang | W |

| | | |
|---|---|---|
| $P_L$ | Laserstrahlleistung | W |
| $P_{El}$ | elektrische Leistung | W |
| $P_V$ | Verlustleistung | W |
| $p_{HF}$ | elektrische Leistungsdichte | $W\,m^{-3}$ |
| $pv$ | peak-to-valley-value, maximale optische Weglängendifferenz | m |
| $Q_{Elek}^{1Fil/ms}$ | Entladungsgüte beim Filamentierungsgrad 1 Filament/ms | $J\,g^{-1}$ |
| $r$ | Radius, Koordinate quer zur Strömungsrichtung | m |
| $r_{rec}$ | Rückgewinnfaktor, recovery-factor | 1 |
| $R$ | Rohrradius | m |
| $R_s$ | spezifische Gaskonstante | $J\,kg^{-1}\,K^{-1}$ |
| $s$ | Rechenschrittzahl | 1 |
| $S_t$ | Drallzahl als Drehimpulsstrom-Verhältnis | 1 |
| $S_p$ | Drallzahl als Geschwindigkeitsverhältnis | 1 |
| $S_{p,0}$ | Drallzahl als Geschwindigkeitsverhältnis im Rohreintrittsbereich | 1 |
| $t$ | Zeit | s |
| $T$ | Temperatur der Kelvinskala | °K |
| $T_e$ | Eigentemperatur | °K |
| $\Delta T(x, y)$ | eingeprägtes Temperaturprofil im Rohrquerschnitt | °K |
| $V$ | Volumen | $m^3$ |
| $v$ | Strömungsgeschwindigkeit in Hauptströmungsrichtung | $m\,s^{-1}$ |
| $v_m$ | modellierte Geschwindigkeitsverteilung | $m\,s^{-1}$ |
| $w$ | azimutale Geschwindigkeitskomponente | $m\,s^{-1}$ |
| $x$ | kartesische Raumkoordinate quer zur Strömungsrichtung | m |
| $y$ | kartesische Raumkoordinate quer zur Strömungsrichtung | m |
| $z$ | kartesische Raumkoordinate in Strömungsrichtung | m |
| $\delta z$ | Rechenschrittlänge | m |
| $z_e$ | hydrodynamische Einlauflänge der Rohrströmung | m |

**Griechische Buchstaben:**

| | | |
|---|---|---|
| $\alpha$ | Wärmeübergangskoeffizient | $W\,m^{-2}\,K^{-1}$ |
| $\beta$ | Faktor der Temperaturleitfähigkeit | 1 |
| $\varepsilon_0$ | Dielektrizitätskonstante | $A\,s\,V^{-1}\,m^{-1}$ |
| $\varepsilon_r$ | relative Dielektrizitätszahl | 1 |
| $\gamma_r$ | natürliche Linienverbreiterung, Kreisfrequenz | $s^{-1}$ |
| $\gamma_C$ | Halbwertsbreite der Druckverbreiterung, Kreisfrequenz | $s^{-1}$ |
| $\Delta\gamma_L$ | Frequenzabstand zweier Moden, Kreisfrequenz | $s^{-1}$ |
| $\gamma_R$ | Resonatorbestimmte Halbwertsbreite, Kreisfrequenz | $s^{-1}$ |
| $\eta$ | dynamische Viskosität | $kg\,m^{-1}\,s^{-1}$ |
| $\eta_{El}$ | elektro-optischer Wirkungsgrad | 1 |
| $\vartheta$ | Temperatur der Celsiusskala | °C |
| $\kappa$ | Adiabatenkoeffizient | 1 |
| $\lambda$ | Wellenlänge des Laserübergangs | m |

| | | |
|---|---|---|
| $\lambda_W$ | Wärmeleitfähigkeit | $W\,m^{-1}\,K^{-1}$ |
| $\pi$ | Kreiszahl | 1 |
| $\rho$ | Gasdichte | $kg\,m^{-3}$ |
| $\mathfrak{R}$ | spezifische Refraktion, spezifisches Brechvermögen | $m^3\,kg^{-1}$ |
| $\tau$ | Aufenthaltsdauer eines Gasteilchens | s |
| $\tau_Q$ | Abklingzeitkonstante der Quarzrohrtemperatur | s |
| $\tau_{spon}$ | Zeitkonstante für spontane Relaxation | s |
| $\tau_{stim}$ | Zeitkonstante für stimulierte Relaxation | s |
| $\tau_W$ | Schubspannung | $N\,m^{-2}$ |
| $\omega$ | Kreisfrequenz, Winkelgeschwindigkeit | $s^{-1}$ |
| $\omega_r$ | r-te Resonanzkreisfrequenz | $s^{-1}$ |
| $\Omega$ | Verdrehwinkel, verursacht durch eine Drallströmung | ° |
| $\Omega_{We}$ | Verdrehwinkel, bei Drallströmung und Wendelelektrode | ° |
| $\xi$ | normierter Massenanteil | 1 |
| $\zeta_W$ | Widerstandsbeiwert | 1 |
| $\chi$ | Elektrodenöffnungswinkel | ° |

**Indizes:**

| | |
|---|---|
| Vor | Bereich vor der Gasentladung |
| Nach | Bereich nach der Gasentladung |
| 1 | thermodynamischer Zustand 1 |
| 2 | thermodynamischer Zustand 2 |
| lokal | lokaler Wert |
| max | Maximalwert |
| El | Elektrode |
| T | Total- oder Kesselwerte |
| Fl | Fluid- oder Kernströmungswerte |
| a | außen |
| i | innen |
| Q | Quarz |
| W | Wand |
| U | Umgebung |
| H | Phasendeformation, die durch eine homogene Entladung verursacht ist |
| I | inhomogener Anteil der Phasendeformation |

**Dimensionslose Kenngrößen:**

| | |
|---|---|
| *Bi* | *Biot*-Zahl |
| *Ma* | *Mach*-Zahl |
| *Nu* | *Nußelt*-Zahl |
| *Pr* | *Prandtl*-Zahl |
| *Re* | *Reynolds*-Zahl |
| *St* | *Stanton*-Zahl |

| | |
|---|---|
| $CO_2$ | Kohlendioxid |
| He | Helium |
| $N_2$ | Stickstoff |

Standardgasgemisch:
$He:N_2:CO_2 = 80:15:5$

| | |
|---|---|
| $\bar{x}$ | der Oberstrich kennzeichnet eine in Hauptströmungsrichtung bzw. Meßstrahlrichtung *z* durchgeführte Integration der Größe *x*. |

# 1 Einleitung

## 1.1 Motivation und Ziel

In der materialbearbeitenden Industrie ist der Kohlendioxid-($CO_2$)-Laser nach wie vor der am häufigsten eingesetzte Lasertyp. Trotz dieses erreichten Industriestandards verbleibt ein Forschungs- und Entwicklungsbedarf insbesondere hinsichtlich

- Systemwirkungsgrad,
- Fokussierbarkeit der Strahlung sowie
- Systemkompaktheit.

Bei den heutzutage verfügbaren industriellen $CO_2$-Lasern werden Strahlleistungen bis in den Multi-Kilowatt-Bereich hauptsächlich durch Abstriche an einem oder auch an mehreren dieser drei Ziele erreicht.

Die Erhöhung des *Systemwirkungsgrades* muß ein vorrangiges Ziel jeglicher Ingenieurtätigkeit sein, bedeutet es doch nichts anderes als eine Minimierung der aufzubringenden Ressourcen. Die gute *Fokussierbarkeit* der emittierten Laserstrahlung ermöglicht grundsätzlich einen höheren Prozeßwirkungsgrad bei der Werkstückbearbeitung. Dies muß allerdings bei einer ganzheitlichen Systembetrachtung relativiert werden, wenn für die Realisierung erhöhter Fokussierbarkeit bewußt Einbußen am Systemwirkungsgrad – beispielsweise durch zusätzliche Blenden im Strahlengang – in Kauf genommen werden. Die *Systemkompaktheit* ist nicht nur ein wirksames Verkaufsargument, sondern dient gleichfalls der Stabilität des optischen Laserresonators, führt also zu einer erhöhten Strahllagestabilität. Nicht unerwähnt bleiben soll, daß alle drei genannten Ziele auch unmittelbar zu Kostensenkungen beitragen.

Bei der Klasse der schnell längsgeströmten und hochfrequenzangeregten $CO_2$-Laser ist der Ansatzpunkt zur Realisierung dieser dreigeteilten Zielvorstellung die Optimierung des Kernelements, also der einzelnen Entladungsstrecke. Ein Lasersystem besteht aus einer Vielzahl solcher in Strahlrichtung seriell angeordneter Strecken. Die Gestaltung dieses Kernelements bestimmt also letztendlich auch das Design des ganzen Lasersystems.

Wenn heutzutage verfügbare, schnell längsgeströmte und hochfrequenzangeregte $CO_2$-Laser einer kritischen Analyse unterzogen werden, fällt auf, daß der Gestaltung der Gasströmung keine besondere Aufmerksamkeit gewidmet wird. Allenfalls findet eine Minimierung unnötig entstehender Druckverluste statt. Ebenso wird der gleichmäßigen Einbringung der elektrischen Leistung in die einzelnen Entladungsstrecken nicht hinreichend Beachtung geschenkt. Es wird vielmehr darauf vertraut, daß eine Verdrehung der einzelnen Strecken zueinander zu einer Kompensation der Inhomogenitäten und zu einer quasi-Rotationssymmetrie für die emittierte Laserstrahlung führt.

Die vorliegende Arbeit setzt an dieser Stelle ein. Ziel ist es, durch eine geeignete Gasströmungsgestaltung in Kombination mit einem darauf abgestimmten Elektrodendesign eine hohe *optische Qualität* des strömenden laseraktiven Mediums zu realisieren. Es soll gezeigt werden, daß diese Grundvoraussetzung für eine gute Fokussierbarkeit der Strahlung zugleich einen höheren Wirkungsgrad und eine höhere Kompaktheit erlaubt.

## 1.2 Gliederung der Arbeit

Im folgenden Kapitel werden verschiedene technische Ausführungen von $CO_2$-Lasern vorgestellt, die sich gemäß der eingesetzten Kühlungstechnologie einteilen lassen. In einer Beurteilung dieser Konzepte wird dargelegt, daß der Typ des schnell längsgeströmten Lasers das Potential zur Realisierung der Ziele hohe optische Qualität des laseraktiven Mediums und Systemkompaktheit aufweist. Mit einer kurzen Darstellung der Wirkung der drei Gaskomponenten Kohlendioxid, Helium und Stickstoff schließt das Kapitel 2.

In Kapitel 3 wird eine in der Literatur bereits bewährte quasi-eindimensionale Modellierung der thermodynamischen Parameter einer Rohrströmung unter der Einwirkung einer Gasentladung erweitert. Die vorgestellte Simulation ist speziell für die Belange schnell längsgeströmter $CO_2$-Laser angepaßt. Dabei zeigt es sich, daß bei den üblichen Abmessungen der Entladungsrohre die lokal herrschende Rohrreibung beachtet werden muß. In einer theoretischen Analyse des Strömungsphänomens *Choking* wird dargelegt, daß bereits bei *Mach*-Zahlen unter 1 mit lokal einsetzendem Choking zu rechnen ist. Die Simulation erlaubt ferner die Beschreibung einer Gasentladung mit und ohne Strahlungsfeld und verwendet im wesentlichen die leicht meßbaren Eingangsgrößen Gasmassenfluß und eingekoppelte Leistung.

Das optische Meßverfahren der Interferometrie, welches die Messung von Gasdichteverteilungen erlaubt, ist Gegenstand von Kapitel 4. Für dieses die vorliegende Arbeit dominierende Meßverfahren wird die konkrete Realisierung vorgestellt. Für die Minimierung der mechanischen Schwingungen wird eine speziell für die Problemstellung optimierte Diagnostik eingesetzt.

Für ein Verständnis der von einer Gasentladung herrührenden Beeinflussung der Gasdichteverteilung ist es sinnvoll, die verschiedenen physikalischen Vorgänge zu selektieren. Die wichtigsten, auch ohne Gasentladung vorhandenen Strömungsvorgänge, die Auswirkungen der Rohrein- und Rohrausströmungsumlenkungen sowie die sich in den kurzen Strömungsrohren aufbauenden radialen Geschwindigkeits- und Temperaturverteilungen werden in Kapitel 5 theoretisch und experimentell untersucht. Turbulenz und Drall sind wichtig, wenn in einer Rohrströmung eine Gasentladung betrieben wird. Die nötigen physikalischen Grundlagen sowie neuentwickelte interferometrische Meßverfahren zur Ermittlung der durch Turbulenz erhöhten, effektiven Temperaturleitfähigkeit und der Drallzahl bei Rohrströmungen sind in Kapitel 6 dokumentiert. Als Essenz der theoretisch und experimentell gewonnenen Erfahrungen wird an dieser Stelle eine für schnell längsgeströmte $CO_2$-Laser optimierte Rohreinströmgestaltung vorgestellt.

Die Wärmedurchgangsrechnung bei Gasentladungsstrecken ist Gegenstand von Kapitel 7. Hier wird dargelegt, wie hoch der Wärmeverlust durch Diffusion im Vergleich zu Wärmeaustausch durch Konvektion ist und daß die Erwärmung des Quarzrohres nach Einschalten der Gasentladung die emittierte Laserstrahlung dominant beeinflußt.

Damit ist der erste Teil der Arbeit, der Grundlagencharakter für die folgenden Kapitel hat, abgeschlossen. In den folgenden drei Kapiteln wird anhand der verursachten Phasendeformation, der produzierten Entladungsstabilität sowie der Kleinsignalverstärkung, jeweils unterstützt durch physikalische Interpretationen basierend auf dem Grundlagenteil, eine Klassifizierung verschiedener Entladungskonfigurationen vorgenommen.

In Kapitel 8 wird eine Simulationsrechnung vorgestellt, mit der die Gasdichteverteilung in schnell geströmten Gasentladungsstrecken in Abhängigkeit von Strömungs- und Elektrodengestaltung in guter Näherung abgeschätzt werden kann. Dieses Instrument wird dann für die Optimierung eben dieser Strömungs- und Elektrodengestaltung hinsichtlich geringster Phasendeformationen, also höchster optischer Qualität genutzt.

Die Betriebsbereiche schnell längsgeströmter Gasentladungen sind begrenzt durch maximal mögliche Massenflüsse (Choking) und Entladungsinstabilitäten (Filamentierung und lokaler Grenzschichtdurchbruch). In Kapitel 9 werden diese Begrenzungen und ihre Abhängigkeiten von der Strömungs- und Elektrodengestaltung detailliert untersucht. Basierend auf den gewonnenen Erkenntnissen wird dann – analog zum Vorgehen in Kapitel 8 – eine Optimierung hinsichtlich maximaler Entladungsstabilität, d.h. maximaler Leistungsdichte bzw. Kompaktheit, durchgeführt.

Die Verstärkungsverteilung in einer Gasentladungsstrecke ist mit dem Phasenfrontprofil korreliert. In Kapitel 10 wird dargelegt, daß die Verstärkungsmessung jedoch ein vergleichsweise geringeres Auflösungsvermögen aufweist und nach einem größeren apparativen Meßaufwand verlangt. Deshalb wird innerhalb dieser Arbeit auf die Darstellung einer Optimierung in bezug auf die Verstärkungsverteilung verzichtet.

Die in dieser Arbeit vorgestellten und diskutierten Erkenntnisse flossen direkt in laufende Projekt-Tätigkeiten ein. Die dabei gewonnenen Erfahrungen sind in Kapitel 11 niedergeschrieben. Zunächst wird eine Strategie zur Auslegung eines schnell längsgeströmten $CO_2$-Lasers vorgeschlagen, bevor dann konkrete Skalierungsbeziehungen, mit deren Hilfe die Realisierung optimierter Entladungsstrecken möglich sein sollte, zusammengestellt werden. Solch konkrete Konstruktionshinweise können, bedingt durch das Voranschreiten der Technik, nur begrenzte zeitliche Gültigkeit haben. Die Arbeit schließt mit einem Einblick in die Resultate, die bei der Umsetzung der Ergebnisse an mehreren Lasersystemen erreicht wurden.

# 2 Fluidmechanische Grundlagen der Kohlendioxidlaser

Elektrisch angeregte $CO_2$-Gaslaser haben insbesondere wegen der leichten Leistungsskalierbarkeit und des hohen erreichbaren elektro-optischen Wirkungsgrades[1]

$$\eta_{El} = \frac{P_L}{P_{El}} \tag{2.1}$$

von derzeit etwa 20% eine breite Marktakzeptanz erlangt. Die dennoch beachtliche Verlustleistung

$$P_V = P_{El}(1 - \eta_{El}) \tag{2.2}$$

führt zu einer Erwärmung des laseraktiven Mediums und somit, durch eine starke Bevölkerung des unteren Laserniveaus, zur Reduktion der notwendigen Besetzungsinversion des laseraktiven Mediums. Für eine effiziente Lasertätigkeit müssen daher neben einer geeigneten Wahl der elektrischen Anregungstechniken und der Gasgemischkomponenten konkrete Kühlungsmaßnahmen getroffen werden.

## 2.1 Kühlungstechnologien für Gaslaser

Die Klasse der Gaslaser ist untergliedert gemäß dem eingesetzten Prinzip zur Abfuhr der Verlustwärme des Gases in Diffusions- und Strömungslaser. Bei erstgenanntem Typ wird das Gas entweder ständig mit geringsten Strömungsgeschwindigkeiten („slow flow") oder nur zu bestimmten Serviceintervallen („sealed-off") ausgetauscht. Strömungslaser werden im Wortsinn mit hohen bis hin zu maximal möglichen Strömungsgeschwindigkeiten betrieben.

### 2.1.1 Diffusionslaser

Die Wärmeabfuhr erfolgt bei Diffusionslasern ausschließlich durch molekulare Wärmeleitung zu den Wandungen. Bleibt die Betrachtung auf die zylindrische Konfiguration beschränkt, so kann, ausgehend von der *Fourier'*schen Differentialgleichung der Wärmeleitung [2], [3], das Temperaturfeld $\vartheta(r)$ durch

$$\lambda_W\left(\frac{d^2}{dr^2}\vartheta(r) + \frac{1}{r}\frac{d}{dr}\vartheta(r)\right) = -\frac{P_V}{V} \tag{2.3}$$

1. Der hier angegebene Wirkungsgrad ist das Produkt aus Quantenwirkungsgrad, Pumpwirkungsgrad und Resonatorwirkungsgrad. Näheres hierzu in [1].

beschrieben werden. Wärmeleitungsvorgänge in Längsrichtung sind hier vernachlässigt. $V = \pi R^2 L$ steht für das betroffene zylinderförmige Gasvolumen. Bei bekannter Wandinnentemperatur $\vartheta_{W,i}$ und wenn $r \leq R$ gilt läßt sich die Gleichung auflösen:

$$\vartheta(r) = \vartheta_{W,i} + \frac{P_V}{4\pi L \lambda_W}\left(1 - \left(\frac{r}{R}\right)^2\right). \quad (2.4)$$

Unter den Voraussetzungen einer konstanten Wärmeleitfähigkeit und der Bedingung, daß die höchste auftretende Temperatur nur einen bestimmten Wert erreichen darf, erkennt man die für Diffusionslaser zylindrischer Geometrie bekannte Skalierungsbeziehung [1]:

$$\frac{P_V}{L} \approx const.^{1} \quad (2.5)$$

Typische Werte für zylinderförmige $CO_2$-Diffusionslaser liegen bei $P_V/L = 1000$ W/m.

### 2.1.2 Strömungslaser

Bei Strömungslasern kommt zum Wärmeaustausch durch Wärmeleitung noch derjenige durch Konvektion hinzu. Je nach den Eigenschaften des Mediums und Art der Strömung kann der eine oder andere Vorgang überwiegen.

Die Wärmeabfuhr durch Konvektion kann durch die Energiegleichung in Strömungsrichtung verdeutlicht werden:

$$\frac{P_V}{\dot{m}} = c_p(T_{Nach} - T_{Vor}) + \frac{1}{2}(v_{Nach}^2 - v_{Vor}^2). \quad (2.6)$$

Die auf den Gasmassenfluß $\dot{m}$ bezogene Verlustleistung $P_V$ teilt sich in eine Erhöhung der Enthalpie sowie der kinetischen Energie auf; Reibungsterme sind vernachlässigt.

Unter den Voraussetzungen einer konstanten spezifischen Wärmekapazität und wiederum der Bedingung, daß die höchste auftretende Temperatur nur einen bestimmten Wert erreichen darf, erkennt man die Skalierungsbeziehung für Strömungslaser

$$\frac{P_V}{\dot{m}} \approx const. \quad (2.7)$$

Wie in Kapitel 9 noch gezeigt wird, kommt dieser durch einfache Herleitung zu findende Beziehung bei Strömungslasern eine große Bedeutung zu. Im Rahmen dieser Arbeit wurden Werte im Bereich bis $P_V/\dot{m} = 1800$ J/g realisiert.

1. Die Skalierungsbeziehung gilt also unabhängig vom Rohrradius.

### 2.1.3 Vergleich der Kühlkonzepte

Wenn der Vergleich auf zylinderförmige Geometrien begrenzt wird, unterscheiden sich die zwei Konzepte u.a. in zwei wichtigen Punkten:

- Die geringe Effizienz der reinen Wärmeleitung zu den Wandungen führt zu einer geringen Kompaktheit des Diffusionslaser-Moduls. Mit den im Rahmen dieser Arbeit erzielten Werten[1] für Strömungslaser von $P_V/L = 40\ \mathrm{kW/m}$ ergibt sich hier ein Faktor von 40 zugunsten des Strömungslasers[2]. In bezug auf das Gesamtsystem muß dieser Vergleich durch die fehlende oder allenfalls kleine Strömungsmaschine relativiert werden. Dennoch ist das der Grund, warum Hochleistungslaser in der Strahlleistungsklasse über 3 kW ausschließlich Strömungslaser sind.
- Bedingt durch die ausschließliche Wärmeableitung zu den Wandungen herrscht bei Diffusionslasern ein ausgeprägtes radiales Temperaturprofil und damit verbunden eine starke Inhomogenität der Gasdichteverteilung in radialer Richtung. Bei der Konzeption von Höchstleistungslasern bestmöglicher Fokussierbarkeit muß das aber gerade vermieden werden, weil – wie in Kapitel 8 und Kapitel 9 noch gezeigt wird – nur laseraktive Medien höchster Homogenität in Gasdichte bzw. Temperatur höchste Leistungsdichten bei hoher optischer Qualität erlauben. Grundsätzlich möglich ist diese Homogenität in radialer Richtung nur bei längsgeströmten Lasern und auch nur bei Minimierung der radialen Wärmeableitung.

Bei dieser Gegenüberstellung wurden zwei weitere wichtige Lasertypen ausgespart. Einerseits ist das der Diffusionslaser in Plattenkonfiguration, dem insbesondere wegen seines günstigen Oberfläche-zu-Volumen-Verhältnisses ein höheres Marktpotential in Aussicht steht. Auf der anderen Seite ist das der Typ des quer geströmten Gaslasers, der den höchsten Grad an Kompaktheit erreicht, allerdings verbunden mit einer deutlichen Dichteinhomogenität, die zudem nicht rotationssymmetrisch ausgeprägt ist.

Die vorliegende Arbeit befaßt sich ausschließlich mit schnell längsgeströmten Lasern.

## 2.2 Wirkung der Gasgemischkomponenten

In nahezu allen $CO_2$-Lasern finden sich außer der laseraktiven Komponente Kohlendioxid ($CO_2$) noch die Gase Helium (He) und Stickstoff ($N_2$). Diese Zugabe verstärkt bzw. ermöglicht erst eine effektive Besetzungsinversion des laseraktiven Gases Kohlendioxid (siehe z.B.: [1], [4]).

Das obere Laserniveau ($CO_2$-Vibrationsniveau (00°1), asymmetrische Längsschwingung) wird neben direktem Elektronenstoß in der Gasentladung besonders effizient durch resonanten Energieübertrag von langlebigen Stickstoff-Vibrationsniveaus bevölkert. Stickstoff wirkt sozusagen als Energiespeicher.

---

1. Diese Beziehung ist im Gegensatz zu Gleichung 2.5 abhängig vom Rohrradius.
2. Wenn die erreichbaren Strahlleistungen betrachtet werden, fällt die Gegenüberstellung wegen des vergleichsweise höheren Wirkungsgrades noch günstiger für den Strömungslaser aus.

Das Edelgas Helium wird in der Gasentladung nicht angeregt und ist somit nur mittelbar am Laservorgang beteiligt. Die Existenz von Helium bewirkt eine effiziente Entvölkerung des unteren Laserniveaus ($CO_2$-Vibrationsniveau (10°0), symmetrische Längsschwingung) durch Stoßentleerung, d.h. ebenso wie durch Stickstoff wird der Inversionszustand des Mediums erhöht. Zudem werden die leichten Heliummoleküle durch den Stoß stark beschleunigt und führen so zu einem Transport der translatorischen Verlustleistung aus dem Entladungsbereich und tragen zur Homogenisierung der Gasdichteverteilung im Medium bei.

In Abbildung 2.1 sind die genannten Zusammenhänge skizziert und die Nettoenergieflüsse durch Pfeile gekennzeichnet.

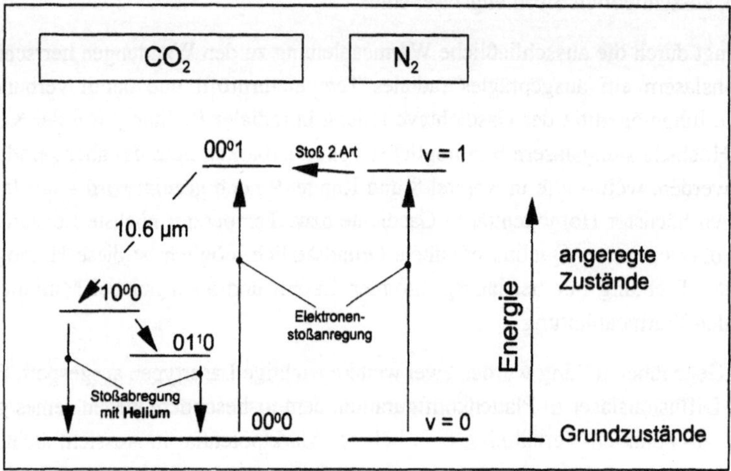


Abb. 2.1: Vereinfachtes Termschema zur Verdeutlichung der Funktion der Gaskomponenten Stickstoff und Helium.

Je nach Lasertyp kommen leicht unterschiedliche Gemischzusammensetzungen zum Einsatz. Eine Optimierung erfolgt größtenteils rein empirisch und orientiert sich an erreichbarer Entladungsstabilität und Strahlleistung. Höchstleistungslaser, die nahe an physikalischen Grenzen operieren, werden beispielsweise mit der in dieser Arbeit als Standardgemisch bezeichneten Zusammensetzung $He:N_2:CO_2 = 80:15:5$ betrieben.

Für das ternäre Gasgemisch ist im Anhang A.1 eine Zusammenstellung der nötigen Stoffwerte und Zustandsgleichungen angegeben.

# 3 Zustandsgleichungen der quasi-eindimensionalen Strömung

Dieses Kapitel befaßt sich mit der Beschreibung der thermodynamischen Zustände in einem schnell geströmten Gasentladungsrohr, wie es typischerweise mehrfach und in Strahlrichtung nacheinander in einem $CO_2$-Laser verwendet wird. Die für schnell längsgeströmte Systeme nötige Rohrströmung ist subsonisch und turbulent. Die Gasentladung ist durch Gestaltung der Elektrodenform und -position im Sinne hoher erreichbarer Leistungsdichte und Entladungsstabilität möglichst homogen zu gestalten, d.h. es liegt möglichst keine Abhängigkeit vom Rohrradius vor.

Es erscheint deshalb sinnvoll, die Beschreibung der Strömungsvorgänge anhand von über den Rohrradius $r$ gebildeten Mittelwerten, quasi-eindimensional nur in Hauptströmungsrichtung $z$ darzustellen [5].

## 3.1 Modellvorstellung der Entladungsstrecke

In Abbildung 3.1 ist ein vereinfachtes Modell der betrachteten Gasentladungsstrecke dargestellt. Das Gasentladungsrohr befinde sich zwischen zwei Gaskesseln. Im „unendlich großen" Kessel 1 herrschen stets gleichbleibende Gaszustände. In Kessel 2 kann der Gasdruck im Bereich $0 \le p_2 \le p_1$ variiert werden. Durch das so entstehende Druckgefälle wird eine Gasströmung im Rohr angetrieben. Die im Gasentladungsrohr deponierte Verlustleistung $P_V$ führt zu einer Temperatur $T_2 \ge T_1$.

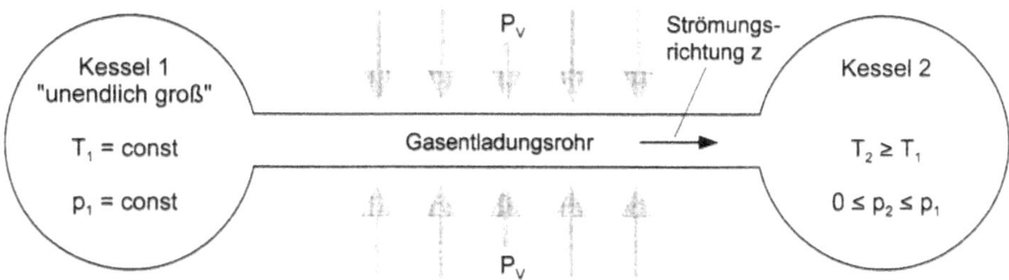


Abb. 3.1: Modell der betrachteten Gasentladungsstrecke.

In der Realität wird natürlich ein Gaskreislauf verwendet. Eine Gasförderanlage verbindet dabei die zwei endlich großen Kessel und bewirkt das Druckgefälle. Integrierte Gaskühleinrichtungen sorgen für die konstante Temperatur im Rohreinströmbereich $T_1$. An Kessel 1 ist eine geregelte Gaszufluß- bzw. Gasabflußeinrichtung angebracht, welche die gesamte umzuwälzende Gasteilchendichte im Kreislauf ändert, um im Rohreinströmbereich den Druck $p_1$ konstant zu halten.

## 3.2 Grundgleichungen

Die nötigen *vier Grundgleichungen* setzen ein ideales Gas voraus und beschreiben einen stationären, nicht adiabatischen und kompressiblen Strömungsvorgang bei homogener elektrischer Leistungszufuhr. Sie werden zunächst in differentieller Schreibweise vorgestellt. Diese werden dann anhand der für den konkret vorliegenden Fall gültigen Vereinfachungen modifiziert. Abschließend werden sie so dargestellt, daß man die Veränderung zwischen zwei Zuständen *1* und *2*, die verschiedenen Positionen $z_1$ und $z_2$ längs des Rohres entsprechen, erkennen kann.

Die allgemeine *Kontinuitätsgleichung* für kompressible Strömungen

$$\mathrm{d}(\dot{m}) = 0 \tag{3.1}$$

besagt, daß die Summe der Massenflüsse

$$\dot{m} = \rho v A \tag{3.2}$$

konstant ist. Für den hier vorliegenden Fall einer Rohrströmung gilt deshalb:

$$\rho_1 v_1 = \rho_2 v_2 \,. \tag{3.3}$$

Die *Impulsgleichung* für reibungsbehaftete Strömungen (siehe z.B. [6])

$$-A\mathrm{d}p = \dot{m}\mathrm{d}v + \tau_{\mathrm{w}}\mathrm{d}A_{\mathrm{w}} \tag{3.4}$$

zeigt die Änderungen des statischen Gasdrucks $p$ und der Gasgeschwindigkeit $v$ in Abhängigkeit von Querschnittsfläche $A$ und Massenfluß $\dot{m}$, sowie vom Druckverlust durch Reibung, der durch den rechten Term beschrieben wird.

Mit den für hydrodynamisch ausgebildete Rohrströmungen gültigen bekannten Definitionen (siehe z.B.: [6])

$$\tau_{\mathrm{w}} = c_f \frac{\rho v^2}{2} \tag{3.5}$$

und

$$c_f = \frac{\zeta_W}{4}, \tag{3.6}$$

sowie der Beziehung

$$\frac{dA_w}{A} = \frac{2}{R}dz \tag{3.7}$$

ergibt sich für den Impulssatz

$$-dp = \frac{\dot{m}}{A}dv + \frac{\zeta_W}{4R}\rho v^2 dz\ . \tag{3.8}$$

Der integrierte Impulssatz lautet dann

$$\int_{p_2}^{p_1} dp = \frac{\dot{m}}{A}\int_{v_1}^{v_2} dv + \frac{\zeta_W \dot{m}}{4RA}\int_{z_1}^{z_2} v dz\ . \tag{3.9}$$

Mit der Vereinfachung, daß der rechts stehende Reibungsterm auf den Zustand 1 bezogen wird, kann die folgende Näherung angenommen werden

$$\int_{z_1}^{z_2} v dz \approx v_1 \delta z, \tag{3.10}$$

und es ergibt sich schließlich:

$$p_1 + H_1 \rho_1 v_1^2 = p_2 + \rho_2 v_2^2 \tag{3.11}$$

mit dem Reibungsfaktor

$$H_1 = 1 - \frac{\zeta_W \delta z}{4\ R}\ . \tag{3.12}$$

Der Reibungsbeiwert $\zeta_W$ in dem für schnell längsgeströmte Gaslaser gültigen *Reynolds*-Zahlenbereich $3000 \leq Re \leq 100000$ kann nach der *Blasius*'schen Näherungsformel

$$\zeta_W = 0.3164\,(Re)^{-1/4} \tag{3.13}$$

ermittelt werden.

Die *Reynolds*-Zahl $Re$

$$Re = 2Rv\rho\frac{1}{\eta} = \frac{2\dot{m}}{\pi R}\frac{1}{\eta} \tag{3.14}$$

ist für Rohrströmungen nur von der dynamischen Viskosität $\eta$ abhängig. Die *Reynolds*-Zahl sinkt also beim Durchlauf durch die Entladungsstrecke, weil die Zähigkeit mit der Gastemperatur gemäß Abbildung A.1 im Anhang steigt. Nach experimentellen Befunden erfolgt bei hydrodynamisch eingelaufenen Rohrströmungen der Umschlag von laminarer zu turbulenter

Strömung, die durch vermischende Geschwindigkeitskomponenten quer zur Hauptströmungsrichtung gekennzeichnet ist, im Bereich $Re = 2300 - 4000$ [3]. Weil bei den in dieser Arbeit untersuchten Rohrströmungen durchweg $Re \geq 15000$ auftritt, kann also davon ausgegangen werden, daß es sich um ausschließlich turbulente Strömungen handelt.

Die Vereinfachung, den Reibungsfaktor auf den Zustand 1 zu beziehen, führt dazu, daß ein etwas zu kleiner Reibungsbeiwert berücksichtigt wird. Der dadurch entstehende Fehler ist dann vernachlässigbar, wenn eine Durchrechnung einer Entladungsstrecke der Länge $L$ in genügend vielen Schritten $s$ erfolgt. Die Schrittlänge beträgt dann $\delta z = L/s$, und die jeweils lokal gültigen Reibungsbeiwerte müssen berücksichtigt werden.

Die im Gas deponierte Verlustleistung ist entsprechend dem *Energiesatz* mit vier Leistungskategorien[1] verknüpft:

$$\mathrm{d}\left(\frac{P_V}{\dot{m}}\right) = c_p \mathrm{d}T + v\mathrm{d}v + \mathrm{d}\left(\frac{P_{Dissipation}}{\dot{m}}\right) + \mathrm{d}\left(\frac{P_{Wärmeleitung}}{\dot{m}}\right). \tag{3.15}$$

Die Dissipationswärme ist mit der Viskosität und dem lokalen Profil der Gasgeschwindigkeit verknüpft [3]:

$$P_{Dissipation} = \eta V\left(\frac{d}{dr}v(r)\right)^2 . \tag{3.16}$$

Der durch Wärmeleitung über die Rohrwandung abgeführte Anteil wird durch den vierten Term ausgedrückt:

$$P_{Wärmeleitung} = \alpha A_W (\vartheta_d - \vartheta_{W,i}) . \tag{3.17}$$

Die beiden Leistungskategorien Dissipation und Wärmeleitung führen zu einer Abhängigkeit der Temperatur vom Rohrradius und sind im Sinne der in dieser Arbeit angestrebten optischen Qualität des Mediums eigentlich unerwünscht. Die durch Leistungsdissipation verursachte Temperaturerhöhung in den äußeren Strömungsbereichen ist bei schnellen Rohrströmungen im hohen subsonischen Bereich grundsätzlich unvermeidlich. Sie wird in Kapitel 5.2 theoretisch behandelt. In Kapitel 8 werden dann die Auswirkungen auf die Phasendeformation diskutiert. Die Wärmeleitung zu den Rohrwandungen kann durch entsprechende technische Vorkehrungen minimiert werden. Dies ist Gegenstand von Kapitel 7. Für die Gesamtleistungsbilanz der Rohrströmung sind die Dissipation wie auch die Wärmeleitung jedoch vernachlässigbar.

Der Energiesatz kann also analog zu Gleichung 2.6 wie folgt dargestellt werden:

$$c_p T_1 + \frac{v_1^2}{2} + \frac{P_V}{\dot{m}} = c_p T_2 + \frac{v_2^2}{2} . \tag{3.18}$$

1. Die Leistungsabfuhr durch inkohärente Strahlung kann hier vernachlässigt werden.

Die vierte nötige Grundgleichung ist die *Zustandsgleichung* (siehe dazu auch Gleichung A.6 im Anhang)

$$\mathrm{d}R_s = 0\,, \tag{3.19}$$

die hier in der folgenden Form benötigt wird:

$$\frac{\rho_1 T_1}{p_1} = \frac{\rho_2 T_2}{p_2}\,. \tag{3.20}$$

Wenn nun zu den vier Grundgleichungen 3.3, 3.11, 3.18 und 3.20 noch die Definition der lokalen *Mach*-Zahl $Ma$ eingeführt wird

$$Ma = \frac{v}{a_S} = \frac{v}{\sqrt{\kappa R_s T}}\,, \tag{3.21}$$

so ergibt sich nach einigen algebraischen Umformungen analog zum Rechenweg in [7], jedoch hier unter Miteinbeziehung der Reibung, die folgende Basisgleichung:

$$\frac{\left(\frac{1}{c_{p,1}}\frac{P_v}{T_1\,\dot{m}} + 1 + Ma_1^2\left(\frac{\kappa_1-1}{2}\right)\right)Ma_1^2}{\left(1 + H_1 Ma_1^2\kappa_1\right)^2} = \frac{\left(1 + Ma_2^2\left(\frac{\kappa_1-1}{2}\right)\right)Ma_2^2}{\left(1 + Ma_2^2\kappa_1\right)^2}\,. \tag{3.22}$$

Diese Gleichung enthält die *Mach*-Zahl im Zustand 2 als einzige unbekannte Größe und kann deshalb nach $Ma_2$ aufgelöst werden. Wenn der links stehende Quotient gleich der Hilfsgröße $\Theta$ gesetzt wird[1], kann mit der folgenden Relation die *Mach*-Zahl in Zustand 2 ermittelt werden:

$$Ma_2 = \sqrt{\frac{\sqrt{1 - 2\Theta\,(\kappa_1 + 1)} + 2\kappa_1\Theta - 1}{\kappa_1 - 1 - 2\kappa_1^2\Theta}}\,. \tag{3.23}$$

Eingesetzt in die vier Grundgleichungen läßt sich dann das folgende Gleichungssystem zur Ermittlung aller Größen im Zustand 2 aufstellen:

$$T_2 = T_1\frac{Ma_1^2 + \frac{2}{\kappa_1 - 1}\left(1 + \frac{1}{c_{p,1}}\frac{P_v}{T_1\,\dot{m}}\right)}{Ma_2^2 + \frac{2}{\kappa_1 - 1}}\,, \tag{3.24}$$

1. Hilfsgröße $\Theta$ ist also eine Funktion der Werte aus Zustand 1.

$$p_2 = p_1 \frac{1 + H_1 Ma_1^2 \kappa_1}{1 + Ma_2^2 \kappa_1} , \tag{3.25}$$

$$\rho_2 = \rho_1 \sqrt{\frac{T_1 Ma_1}{T_2 Ma_2}} , \tag{3.26}$$

$$v_2 = v_1 \frac{\rho_1}{\rho_2} . \tag{3.27}$$

Die Basisgleichung und das Gleichungssystem enthalten die auf den Zustand 1 bezogenen Stoffwerte $c_{p,1}$ und $\kappa_1$, sowie den ebenfalls auf Zustand 1 bezogenen Reibungsfaktor $H_1$. Um eine quasi-Miteinbeziehung der temperaturabhängigen Stoffwerte und auch die Verläufe der thermodynamischen Größen längs einer Entladungsstrecke zu erhalten, ist ein schrittweises Durchrechnen einer Entladungsstrecke sinnvoll.

## 3.3 Ergänzende Betrachtungen

Für eine Beschreibung der Vorgänge in Entladungsrohren schnell geströmter Gaslaser muß die im vorangehenden Kapitel aufgeführte Modellierung noch ergänzt werden. In den kurzen Gasrohren kann sich die Strömung nicht hydrodynamisch ausbilden, d.h. eine im Verlauf der Rohrströmung variierende und in der Summe höhere Reibung muß berücksichtigt werden.Der Autor greift hier auf empirisch ermittelte Literaturdaten zurück und bildet Näherungsgleichungen, basierend auf der charakteristischen Einlauflänge der Rohrströmung. Bei hohen subsonischen Rohrströmungsgeschwindigkeiten mit *Mach*-Zahlen knapp unter 1 muß ebenfalls eine höhere Rohrreibung berücksichtigt werden. Weiterhin bewirkt die von außen in das Gas eingebrachte Energie nicht instantan eine höhere Translationsenergie. Vielmehr müssen, abhängig von der Strahlungsabregung, verschiedene Zeitkonstanten berücksichtigt werden.

### 3.3.1 Hydrodynamische Einlauflänge der Rohrströmung

Im vordersten Einströmbereich des Rohres herrscht im gesamten Strömungsquerschnitt, aufgeprägt durch die typischerweise vorangegangene beschleunigende Düsenströmung, eine weitgehend gleichförmige Geschwindigkeitsverteilung. Beim weiteren Voranschreiten der Strömung werden die wandnahen Strömungsschichten unter dem Einfluß der inneren Reibung verzögert. Die Dicke dieser sogenannten *Grenzschicht*, in der Schubspannungen übertragen werden, wächst solange weiter, bis sie den gesamten Querschnitt ausfüllt. Nach einem weiteren kurzen Übergangsgebiet, in dem sich eine Kernzone flacher Geschwindigkeitsverteilung ausbildet, spricht man von einem hydrodynamisch ausgebildeten, einem sich also nicht mehr ändernden Strömungsprofil. Bei $Re \leq 10^6$ besteht das Geschwindigkeitsprofil dann aus einer nur einige 10 µm dünnen laminaren Strömungsunterschicht an der Rohrwandung, an die sich das das Rohr ausfüllende turbulente Strömungsprofil anschließt [8].

In der Einströmregion des Rohres ist das Geschwindigkeitsgefälle $\left|\frac{\mathrm{d}}{\mathrm{d}r} v(r)\right|$ insbesondere in den äußeren Strömungsbereichen größer als beim hydrodynamisch ausgebildeten Zustand, d.h. die Schubspannungen und somit der Rohrreibungsbeiwert sind in der Einströmregion größer. Zu der so verursachten Vergrößerung des Druckabfalls tritt ein weiterer Druckabfall dadurch ein, daß bei einer gleichmäßigen Geschwindigkeitsverteilung die gesamte kinetische Energie kleiner ist als im ausgebildeten Zustand [9]. Ein scharfkantiger Rohreinlauf ist dabei zu vermeiden, weil die sich einstellende Strömungskontraktion und die so produzierten Wirbelablösungen zu einem weiteren, unnötigen Anstieg des Druckabfalls führen würde [10].

Die Einlauflänge $z_e$, nach der sich ein hydrodynamisch ausgebildetes turbulentes Strömungsprofil einstellt, ist abhängig vom inneren Rohrradius $R$ und von der *Reynolds*-Zahl und ergibt sich aus [10], [11] [1]:

$$z_e = 4.88 \frac{R}{\sqrt{c_f}} . \tag{3.28}$$

Der Rohrreibungsbeiwert $c_f$ hängt nach Gleichung 3.6 und Gleichung 3.13 von der *Reynolds*-Zahl ab. Im für Laserstrahlquellen typischen *Reynolds*-Zahlenbereich $3000 \le Re \le 100000$ übersteigt die Einlauflänge den Rohrradius also um den Faktor $46 \le z_e/R \le 72$, d.h. man kann bei den typisch eingesetzten[2] Rohrlängen $L$ davon ausgehen, daß in schnell längsgeströmten Lasersystemen kein vollständig hydrodynamisch ausgebildetes Strömungsprofil erreicht wird. Lediglich im Rohrausströmbereich kann mit vernachlässigbarem Fehler von einem ausgebildeten Profil ausgegangen werden[3].

Der sich im Rohreinströmbereich lokal einstellende Rohrreibungsbeiwert wurde in [11], [13] in Abhängigkeit von der *Reynolds*-Zahl experimentell ermittelt. Für den bei schnell längsgeströmten $CO_2$-Lasern relevanten Bereich der *Reynolds*-Zahlen und Rohrabmessungen beschreibt die folgende Gleichung die in [11], [13] gemessenen Verläufe in guter Näherung:

$$c_{f.lokal}(z) = c_f \left( 1 + \frac{16}{5\frac{z}{R} + 1} \right) . \tag{3.29}$$

Aus diesem lokalen Rohrreibungsbeiwert kann dann durch einfache Integration über die gesamte betrachtete Rohrlänge gemäß

$$\bar{c}_f(L) = \frac{1}{L} \int_0^L c_{f.lokal}(z)\, \mathrm{d}z \tag{3.30}$$

ein mittlerer Beiwert errechnet werden.

---

1. Die in der Literatur ebenfalls oft zitierte theoretisch ermittelte Formel für die Einlauflänge nach Latzko [12] ist in den zitierten Artikeln [10], [11] experimentell überprüft und berichtigt worden.
2. Nach den in Kapitel 11 gegebenen Empfehlungen liegt das typische Verhältnis Rohrlänge zu Rohrradius bei $L/R = 40$ (siehe auch Gleichung 11.4).
3. Siehe hierzu auch Kapitel 5.3.

Dabei zeigt sich, daß für die typischen Abmessungen von schnell geströmten Lasersystemen durch den dominierenden Einlaufcharakter der Rohrströmung ein um ungefähr 50 % gegenüber der *Blasius*'schen Formel erhöhter mittlerer Rohrreibungsbeiwert berücksichtigt werden muß.

Für ein schrittweises Durchrechnen der Entladungsstrecke kann aus dem lokalen Rohrreibungsbeiwert entsprechend Gleichung 3.12 ein lokaler Reibungsfaktor $H_l(z)$ bestimmt werden.

Ein thermisch ausgebildetes Profil, bei dem die den Wärmeübergang zur Rohrwandung kennzeichnende *Nußelt*-Zahl konstant wird, kann bei Gasentladungsstrecken nicht erreicht werden.

## 3.3.2 „Thermal Choking", thermisches Verstopfen

Gleichung 3.23 enthält einen Wurzelterm, für dessen Diskrimante $Dis \geq 0$ gelten muß. Dabei verschwindet der Nenner nicht, so daß die hinreichende Beschreibung des Grenzfalles durch

$$1 - 2\Theta(\kappa_1 + 1) \equiv 0 \tag{3.31}$$

gegeben ist. In diesem Grenzfall nimmt die *Mach*-Zahl im Zustand 2 den Wert 1 an, d.h. die lokale Schallgeschwindigkeit wird erreicht. Der dann herrschende thermodynamische Zustand wird als *thermisches Verstopfen* oder auch *Thermal Choking* bezeichnet. Dieser Zustand ist dadurch gekennzeichnet, daß ein weiteres Absenken von Gasdruck $p_2$ in Kessel 2 keine weitere Steigerung des Gasmassenflusses bewirken kann, ohne den Zustand in Kessel 1 zu verändern, d.h. dort beispielsweise den Gasdruck zu erhöhen. Verbleibt man in der quasi-eindimensionalen Mittelwertbetrachtung, die der bisher vorgestellten Modellierung zugrunde liegt, müßte diese Zustandsänderung durch einen instationären Vorgang erfolgen [14]. Von dem Gebiet, in dem die lokale Schallgeschwindigkeit erreicht wird, müßte eine im Rohr nach beiden Seiten gerichtete Aussendung von Druckwellen erfolgen.

Im folgenden wird, abgehend von der vereinfachenden Mittelwertsbetrachtung, ein Strömungsmodell vorgestellt, nach dem die sich tatsächlich einstellenden Strömungsvorgänge von komplexerer Natur sind.

Betrachtet wird dabei der Rohraustrittsbereich. Eine vollständig hydrodynamisch ausgebildete Geschwindigkeitsverteilung wird angenommen. Diese kann bei turbulenten Rohrströmungen wie folgt beschrieben werden:

$$v(r) = v(0)\left(1 - \frac{r}{R}\right)^{\frac{1}{h}}. \tag{3.32}$$

Hierbei ist $v(0)$ die sich in Rohrmitte einstellende Maximalgeschwindigkeit und $h$ ein von der *Reynolds*-Zahl abhängiger Formexponent, der in dem für schnell längsgeströmte Gaslaser gültigen *Reynolds*-Zahlenbereich $3000 \leq Re \leq 100000$ im Bereich $5 \leq h \leq 8$ liegt [15], [9]. Der für die bisherigen Modellierungen berücksichtigte Mittelwert ergibt sich dann durch Integration von Gleichung 3.32 über der Querschnittsfläche $A$ zu [16]:

$$v = \frac{1}{\pi R^2} \cdot \int_A v(r)\,\mathrm{d}A = v(0) \frac{2h^2}{(h+1)(2h+1)} . \tag{3.33}$$

Bei den hier behandelten Rohrströmungen kann also davon ausgegangen werden, daß der Mittelwert der Geschwindigkeit $v$ bei ca. 75 % des Maximalwertes $v(0)$ liegt.

In Abbildung 3.2 sind beispielhaft Geschwindigkeitsverteilungen im Rohraustrittsbereich in Abhängigkeit vom Rohrradius und bei verschiedenen Massenflüssen dargestellt. Von $v_1$ über $v_2$ bis $v_3$ steige der Massenfluß so an, daß sich bei $v_3$ gerade mittig die Schallgeschwindigkeit einstellt, also $v(0) = a_S$ gilt. Diese ersten drei Profile sind in erster Näherung ähnlich, weil der Formexponent $h$ wegen der lediglich schwachen Abhängigkeit von der *Reynolds*-Zahl nahezu konstant ist. Einzig $v(0)$ steigt also mit dem Massenfluß.

Wenn nun versucht wird, den Massenfluß weiter zu steigern, so scheint dies durch Beschleunigung der äußeren Strömungsschichten zunächst möglich ($v_4$) bis sich die Schallgeschwindigkeit im ganzen Rohrquerschnitt einstellt. Dieses vierte Profil ist dann den ersten drei nicht mehr ähnlich, der Formexponent steigt mit dem Massenfluß, $v(0) = a_S$ bleibt konstant.

Nach dieser Hypothese wäre das Phänomen Choking dann also ein zunächst von der Rohrachse ausgehendes, zunehmendes Verstopfen des Rohres, also ein *lokales Choking*.

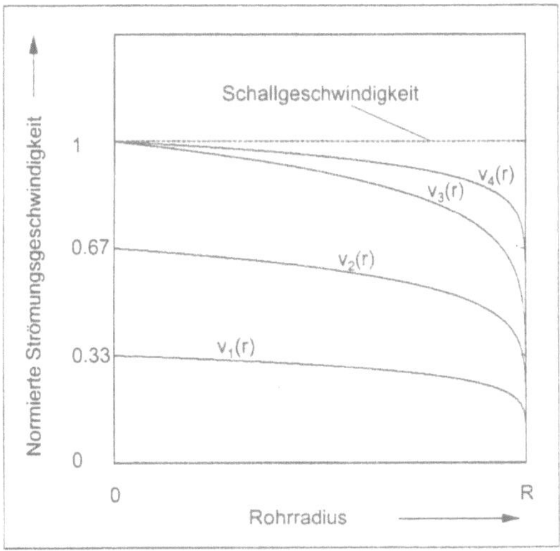


Abb. 3.2: Beispielhafte Geschwindigkeitsverteilungen in Abhängigkeit vom Rohrradius bei verschiedenen Massenflüssen.

Eine Folgerung aus diesem Modell ist, daß bei lokalem Erreichen der Schallgeschwindigkeit eine weitere Steigerung des Massenflusses grundsätzlich möglich wäre. Wegen der zunehmenden Verstopfung der Rohrströmung bzw. wegen der zunehmenden Steigung des Geschwindigkeitsprofils in den äußeren Strömungsbereichen und der damit verbundenen Zunahme der Schubspannungen und somit der Rohrreibungsbeiwerte steigt jedoch der Strömungswiderstand stark an. Der in dieser Modellvorstellung beschriebene Verlauf des Massenflusses kann experimentell nachgewiesen werden. Dies ist in Kapitel 9.2.2 gezeigt.

In den weiteren Ausführungen wird daher außer der allenfalls theoretisch realisierbaren *Mach*-Zahl $Ma = 1$ auch die in der Praxis relevante *Mach*-Zahl $Ma = 0.75$ beachtet, ab der lokales Choking einsetzt.

Die folgende Gleichung[1] ist eine analytische Lösung für den Grenzfall Gleichung 3.31 und beschreibt die maximale Verlustleistung in Abhängigkeit vom Gasmassenfluß bei $Ma = 1$:

$$P_V(\dot{m}) = \frac{\kappa^2}{\kappa^2 - 1} \frac{(H_l \dot{m}^2 + \rho_l p_l A^2)^2}{2\dot{m}(\rho_l A)^2} - \frac{\dot{m}^3}{2(\rho_l A)^2} - \frac{\kappa}{\kappa - 1} \frac{\dot{m} p_l}{\rho_l} \tag{3.34}$$

### 3.3.3 Verlustleistung mit und ohne Strahlungsfeld

Befindet sich die betrachtete Entladungsstrecke in einem Laserresonator und existiert somit ein resonatorinternes Strahlungsfeld, so teilt sich die eingekoppelte elektrische Leistung $P_{El}$ gemäß den Gleichungen 2.1 und 2.2 in die gewünschte Laserstrahlleistung $P_L$ und die Verlustleistung $P_V$ auf.

Wenn angenommen wird, daß ein vorhandenes Strahlungsfeld 20 % der eingekoppelten Leistung in Form von Strahlleistung auskoppelt, setzt sich die verbleibende Verlustleistung näherungsweise wie folgt zusammen [1], [17]: Etwa 40 % der eingekoppelten Leistung führen mit einer charakteristischen Zeitkonstante von 1 µs [17] zu translatorischen Molekülbewegungen, also zu *Joule*'scher Wärme, weitere 40 % relaxieren aus den angeregten Vibrationsniveaus von Kohlendioxid und Stickstoff. Es handelt sich dabei um die angeregten Zustände von Kohlendioxid ($00^0 1$, $00^0 2$) und die ersten 8 Vibrationsniveaus von Stickstoff (siehe auch Abbildung 2.1). Die maximale Zeitkonstante für die stimulierte Relaxation dieser angeregten Moleküle liegt bei $\tau_{stim} \approx 10 \mu s$ [17], [18] und ist damit um 2 Größenordnungen niedriger als die typische Aufenthaltsdauer eines Gasteilchens in der Entladungsstrecke.

Bei Abwesenheit eines Strahlungsfeldes wird der Leistungsanteil von ungefähr 60 % in molekularen Vibrationsniveaus der angeregten Zustände von Kohlendioxid und Stickstoff zwischengespeichert, bewirkt also nicht unmittelbar eine Aufheizung des Gases. Die Relaxation in Translationsanregung erfolgt dann mit einer mittleren Zeitkonstante von ca. $\tau_{spon} \approx 700 \mu s$ [19], [20].

Weitere Möglichkeiten der Leistungsabfuhr können hier vernachlässigt werden. Darunter fällt einerseits die Wärmeableitung über die Rohrwandung (siehe Kapitel 7) und andererseits die das Entladungssystem verlassende inkohärente Strahlung.

In Abbildung 3.3 sind die geschilderten Vorgänge bildlich dargestellt.

1. Der durch diese vereinfachende Mittelwertbetrachtung von Adiabatenkoeffizient und Reibungsterm entstehende Fehler kann in einem Vergleich mit der in 20 Rechenschritten ermittelten und daher genaueren Kurve ersehen werden. Diese korrespondierende Kurve ist in Abbildung 3.6 miteingezeichnet; der Fehler liegt im Prozentbereich.

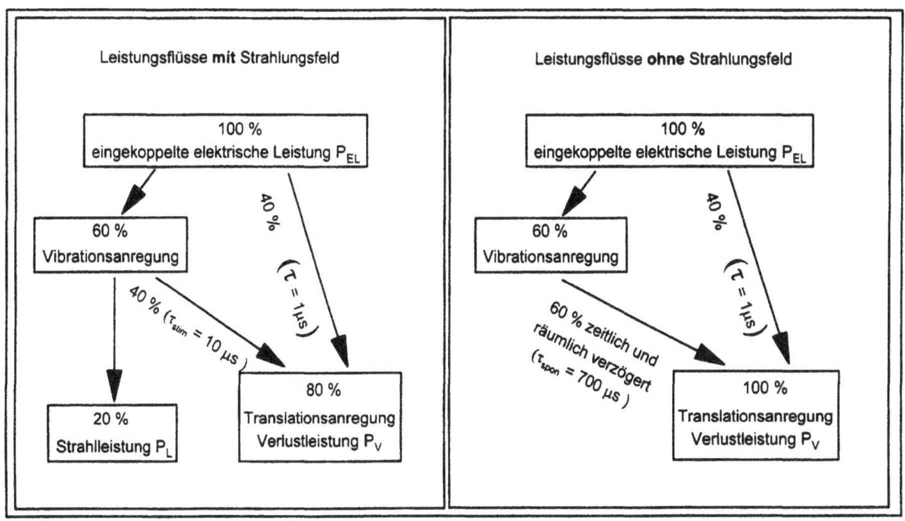


Abb. 3.3: Modellvorstellungen für die Leistungsflüsse mit und ohne Strahlungsfeld.

Wenn ein einzelnes Gasteilchen betrachtet wird, so ändert sich die Energieaufteilung in Abhängigkeit von der Zeit nach Energieeinkopplung gemäß der Darstellung in Abbildung 3.4.

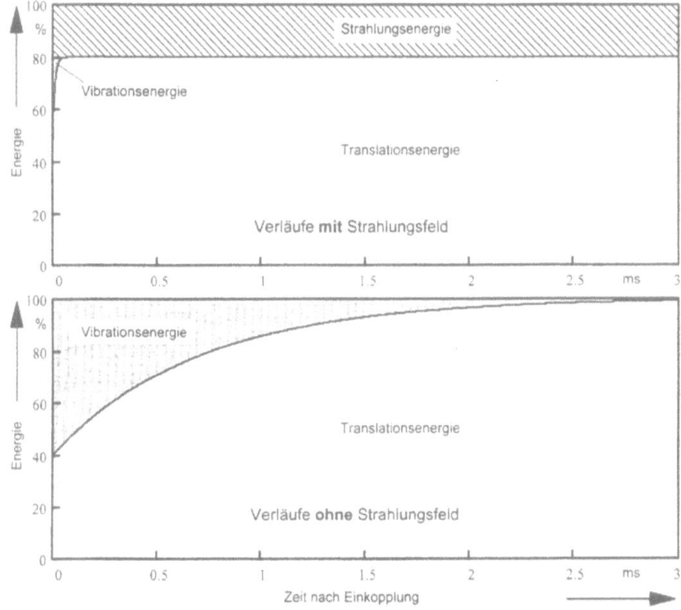


Abb. 3.4: Modellvorstellung der Energieverteilungen für ein betrachtetes Gasteilchen in Abhängigkeit von der Zeit nach Einkopplung; mit und ohne Strahlungsfeld.

Deshalb werden in der weiteren modellhaften Betrachtung der Entladungsvorgänge die folgenden Annahmen getroffen:

- Mit Strahlungsfeld, das 20 % der elektrischen Leistung ausgekoppelt, führen 80 % der eingekoppelten Gesamtleistung zur sofortigen Anregung von Translationsbewegung, also zu instantan wirkender Verlustleistung.
- Ohne Strahlungsfeld werden 40 % der eingekoppelten Leistung instantan und 60 % um die Zeitkonstante von $\tau_{spon} = 700\mu s$ verzögert in wirksame Verlustleistung umgewandelt. Das heißt, der Ort bzw. die Zeit der Leistungseinbringung ist nur zu einem Teil auch der Ort bzw. die Zeit der Thermalisierung.

## 3.4 Anwendung der Modellierung

In diesem Unterkapitel soll dargelegt werden, wie sich die gefundenen Grundgleichungen zusammen mit den ergänzenden Betrachtungen auf konkret vorgegebene Lasersysteme anwenden lassen. Als Beispiel dient hier die in den weiteren Kapiteln noch ausführlicher behandelte Entladungsstrecke, welche die in Abbildung 3.5 skizzierten geometrischen Abmessungen aufweist.

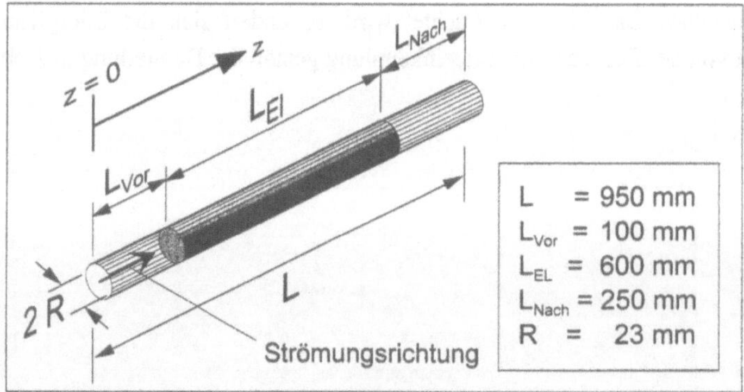


Abb. 3.5: Skizze der behandelten Entladungsstrecke mit geometrischen Abmessungen, $R$ bezeichnet den inneren Rohrradius.

Unmittelbar hinter dem betrachteten Rohrstück befindet sich ein Diffusor, der kinetische in potentielle Energie umwandelt. Dies ist insbesondere wichtig, um unnötige Reibungsverluste zu vermeiden.

Für die konkrete Modellierungsbetrachtung werden die folgenden realistischen Konstanten bestimmt: Verwendet wird das Standardgasgemisch, die Einströmgastemperatur[1] betrage $T_{Vor} = 293$ K und der Einströmgasdruck $p_{Vor} = 145$ hPa. Eingangsparameter für die Rechnung sind Verlustleistung, Gasmassenfluß und gewünschte Rechenschrittzahl.

1. Die Einströmgastemperatur entspricht den mit typisch eingesetzten industriellen Gaskühlern erzielbaren Werten.

Aus dem Massenfluß ergeben sich mit Einströmdruck und -temperatur direkt die Einströmdichte und -geschwindigkeit. Unter Berücksichtigung der temperaturabhängigen Stoffwerte gemäß Abbildung A.1 im Anhang ist auch die Einström-*Mach*-Zahl bestimmt.

Für den Fall einer konstanten Leistungsdichte[1] ergibt sich die schrittweise zu berücksichtigende Leistung aus der gesamten Verlustleistung und der Rechenschrittzahl zu $P_V/s$.

Mit der Basis-Gleichung 3.22 sowie dem zugehörigen Gleichungssystem 3.23 bis 3.27 können dann alle thermodynamischen Parameter nach dem ersten Rechenschritt (also dem des thermodynamischen Zustandes 2) berechnet werden. Dabei ist der Reibungsfaktor $H_l$ durch den lokal gültigen Rohrreibungsbeiwert nach Gleichung 3.29 bestimmt. Die Entladungsstrecke kann nun schrittweise bis zum Ende durchgerechnet werden. Dabei ist wegen der konstanten Leistungsdichte der einzige nichtkonstante Operator der Reibungsfaktor. Man erhält also nach $s$ Rechenschritten alle Ausström-Parameter $T_{Nach}, p_{Nach}, \rho_{Nach}, v_{Nach}, Ma_{Nach}$.

Für den Fall eines vorhandenen Strahlungsfeldes ergibt sich die in die Entladungsstrecke eingekoppelte Leistung wegen der instantan wirkenden Verlustleistung direkt aus Gleichung 2.2.

Bei Abwesenheit eines Strahlungsfeldes kann die eingekoppelte Leistung im folgenden Rechengang gefunden werden: Aus der schrittweise vorliegenden Geschwindigkeitsverteilung in Abhängigkeit von $z$ kann für jeden Punkt $0 \le z_0 \le L$ die Strömungszeit eines dort betrachteten Gasteilchens $t(z_0)$ bis zum Ende des Rohres $z = L$ berechnet werden. Dann ergibt sich die eingekoppelte Leistung $P_{El}$ aus $t(z_0)$, $P_V, L$ und $\tau_{spon}$ gemäß[2]

$$P_V L = P_{El} \int_0^L \left( 1 - 0.6 \exp\left( -\frac{t(z_0)}{\tau_{spon}} \right) \right) dz_0 \,. \tag{3.35}$$

Für Abbildung 3.6 wurde der komplette Rechengang für verschiedene Wertepaare aus Leistung und Massenfluß durchgeführt. Diejenigen Wertepaare, bei denen die Ausström-*Mach*-Zahl 0.5, 0.75 oder 1 oder die maximal erreichte Gastemperatur 500 K, 650 K oder 800 K betrug, wurden in das Diagramm eingetragen[3]. Die Rechenschrittzahl betrug $s = 20$.

1. In Kapitel 8 wird die Berechtigung dieser Vereinfachung genauer erläutert.
2. Die Formel ist die mathematische Umsetzung der in Abbildung 3.4 unten graphisch dargestellten Vorgänge.
3. Der Temperaturbereich 500 K – 800 K rahmt den für schnellgeströmte Gaslaser typischen Betriebsbereich ein (siehe auch Kapitel 9). Der Ausström-*Mach*-Zahlbereich von 0.5 – 1 wird hingegen nach Kenntnis des Autors in keinem zur Zeit erhältlichen industriellen Lasersystem erreicht.

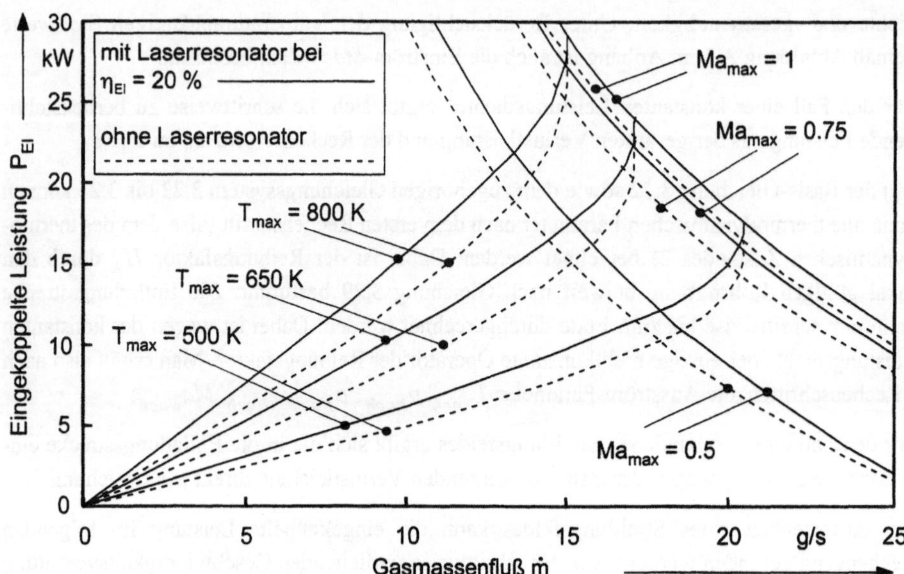


Abb. 3.6: Eingekoppelte Leistung als Funktion des Gasmassenflusses für die betrachtete Entladungsstrecke; mit und ohne Strahlungsfeld; Parameter: konstante Maximaltemperaturen und konstante Ausström-*Mach*-Zahlen.

Abbildung 3.6 gilt strenggenommen nicht im gesamten Leistungsbereich. Zur Zündung der Gasentladung ist eine bestimmte Mindestleistung erforderlich. Daran schließt sich zunächst ein Entladungsmodus an, in dem die Gasentladung nicht die gesamte Elektrodenfläche benetzt und zu Instabilitäten neigt, dem sogenannten Normalstrommodus. Dies wird in Kapitel 9 detailliert untersucht. Auch ist bei den Kurven mit Strahlungsfeld ein im gesamten Leistungsbereich konstanter Wirkungsgrad allenfalls wünschenswert, jedoch kaum zu realisieren. Trotzdem stimmen die theoretischen Vorhersagen des Modells in den für Laseranwendungen relevanten Leistung/Massenfluß-Bereichen gut mit in Kapitel 9 vorgestellten Messungen überein.

Die Kurven konstanter Maximaltemperatur zeigen bei kleinen Leistungswerten zunächst einen näherungsweise linearen Verlauf, steigen jedoch ab ca. $Ma_{aus} \geq 0.5$ zunehmend an. Ab $Ma_{aus} \geq 0.75$ ist mit lokalem Choking im Ausströmbereich der Entladungsstrecke zu rechnen. Die Kurve konstanter Ausström-*Mach*-Zahl $Ma_{aus} = 1$ schließlich stellt die theoretische Choking-Grenzlinie dar und ist die natürliche Begrenzung der Temperaturkurven, deren Steigung hier einen unendlichen Wert einnimmt.

Die Ursache des deutlich nichtlinearen Verhaltens der Temperaturkurven liegt in der Tatsache begründet, daß bei der Durchströmung des Entladungsrohres ab Erreichen einer kritischen *Mach*-Zahl, die sich analytisch zu

$$Ma_{krit} = \frac{1}{\sqrt{\kappa}} \tag{3.36}$$

ergibt, die weitere Einkopplung elektrischer Leistung zu sinkenden Gastemperaturen führt. Trotz Energiezufuhr sinkt also die Enthalpie. Das bedeutet, daß die kinetische Energie um mehr als die zusätzlich eingebrachte Energie ansteigt. Eine Folgerung aus dieser Tatsache ist, daß bei den Kurven konstanter Maximaltemperatur $T_{max} = T_{aus}$ nur bis zum Erreichen von $Ma_{krit}$ gilt. Darüber hinaus wird $T_{max}$ bereits vor dem Ende der Gasentladung erreicht, und es gilt dann $T_{max} > T_{aus}$.

Die Kurven konstanter Temperatur ohne Laserresonator weisen nur bei kleinen Leistungswerten eine um den angenommenen Wirkungsgrad von 20 % geringere Steigung auf. Zu größeren Leistungen hin macht sich dann bei Abwesenheit eines Strahlungsfeldes zunehmend der Leistungsanteil bemerkbar, der erst nach dem betrachteten Rohrstück, also bereits im Diffusor, in *Joule*'sche Wärme umgewandelt wird. Der Schnittpunkt der Kurven konstanter Maximaltemperatur mit und ohne Strahlungsfeld beschreibt den Zustand, bei dem im strahlungsfeldfreien Fall nach dem Rohrstück genau noch 20 % der eingekoppelten Leistung in Vibrationsniveaus gespeichert sind. Bei der betrachteten Entladungsstrecke wird dieser Zustand nahe der Choking-Grenze erreicht. Das heißt, wenn die Entladungsstrecke nahe der Choking-Grenze betrieben wird, ergeben sich mit und ohne Strahlungsfeld ungefähr die gleichen thermodynamischen Parameter. Die Untersuchungsergebnisse bezüglich der optischen Qualität oder der Stabilität einer Entladung ohne Strahlungsfeld sind dann direkt ohne Umrechnung auf die Gasentladung im Laserresonator übertragbar.[1]

Der mit der eingekoppelten Leistung stark zunehmende Anstieg der Kurven konstanter Temperatur macht den Betriebsbereich in unmittelbarer Nähe zur Choking-Grenzlinie für Laseranwendungen interessant. Er bedeutet nämlich, daß immer weniger Zunahme an Massenfluß nötig ist, um ohne Überschreiten einer bestimmten Maximaltemperatur immer mehr an Leistung einkoppeln zu können. Diesem Vorzug ist lediglich entgegenzuhalten, daß die Druckverluste im gesamten Gaskreislauf mit zunehmendem Massenfluß steigen. Wie im Unterkapitel Kapitel 3.3.2 theoretisch vorhergesagt und in Kapitel 9.2.2 experimentell nachgewiesen, erhöhen sich diese Druckverluste weiter bei Mach-Zahlen ab 0.75, also nach Erreichen von lokalem Choking.

Die vorausgehenden Modellierungsbetrachtungen sind in ihrer Anwendbarkeit in hohem Maße abhängig von der Meßgenauigkeit, mit welcher der Gasmassenfluß bei schnellgeströmten Lasersystemen mit mehreren Gasentladungsstrecken ermittelt werden kann. Im Anhang A.2 sind daher Anmerkungen zur praktischen Ermittlung des Gasmassenflusses gegeben.

1. Diese Übertragbarkeit ist wichtig, wenn die angewandten Meßverfahren nur ohne Strahlungsfeld betrieben werden können. Dies ist für alle in dieser Arbeit behandelten Verfahren der Fall.

## 3.5 Kurzfassung der wichtigsten Ergebnisse

In diesem Kapitel wird ein Rechenmodell vorgestellt, das auf den vier thermodynamischen Grundgleichungen basiert. Es kann leicht und ohne besondere Kenntnisse vom interessierten Leser angewandt werden, weil es im Grunde lediglich eine Aussage über den Verlauf der Mittelwerte thermodynamischer Parameter erlaubt.

Von dieser eindimensionalen Betrachtung wurde nur in den zwei folgenden Punkten abgewichen:

- Die bei geströmten Lasersystemen eingesetzten Entladungsrohre sind so kurz, daß die Strömungen am Rohrende nur annähernd hydrodynamisch eingelaufen sind. Der dominante Rohreinlaufcharakter der Strömung führt im vorderen Rohrbereich zu einer erhöhten Reibung. Es sind Näherungsformeln gegeben, um diesen eigentlich dreidimensionalen Effekt in das eindimensionale Modell integrieren zu können.
- In der eindimensionalen Sichtweise findet Choking schlagartig bei Erreichen der *Mach*-Zahl 1 statt. In der Realität beginnt Choking jedoch *lokal* bereits bei $Ma \approx 0.75$ und bewirkt dann mit der *Mach*-Zahl zunehmend eine Steigerung des Druckverlustes.

Weil die in der vorliegenden Arbeit eingesetzten Untersuchungsmethoden die Abwesenheit eines Laserresonators voraussetzen, die zu treffenden Aussagen jedoch nur für Lasersysteme sinnvoll sind, sind beide Fälle durch geeignete Näherungen in der Simulation berücksichtigt.

Dieses Kapitel hat für die vorliegende Arbeit Grundlagencharakter, weil fast alle folgenden Kapitel auf dem hier vorgestellten Modell aufbauen.

# 4 Die Interferometrie als optisches Meßverfahren

Bei allen Stoffen findet sich eine enge Kopplung zwischen Dichte und Brechungsindex, so auch bei Gasen. Optische Methoden, z.B. die der Interferometrie, sind deshalb besonders geeignet, die Dichteverteilung eines Gases zu erfassen. Im folgenden sind einige typische Merkmale von optischen Meßverfahren zusammengestellt:

- Die Erfassung eines Dichtefeldes erfolgt ohne störenden Eingriff in das Objekt.
- Das gesamte Dichtefeld kann prinzipiell in einer einzigen Aufnahme sichtbar gemacht werden, d.h. schnell ablaufende Vorgänge können ohne Trägheitsfehler aufgezeichnet werden. Die technologische Begrenzung ist lediglich durch die Belichtungszeit des eingesetzten Aufnahmesystems gegeben.
- Optische Meßverfahren sind prinzipiell auf die Darstellung eines zweidimensionalen Dichtefeldes beschränkt. In Ausbreitungsrichtung des Meßstrahls erfolgt eine Mittelung der Dichteverteilung. Dieser Nachteil kann beispielsweise durch die Tomographie und – bei kugel- oder kreissymmetrischen Verhältnissen – durch die Entabelung umgangen werden.

Optische Meßverfahren können entsprechend der eingesetzten Technik grundsätzlich in zwei Gruppen unterteilt werden [21]:

- Die *Schatten-* bzw. *Schlieren-Techniken* verwerten die Ablenkung, die ein Lichtstrahl durch eine bestimmte Verteilung des Brechungsindex erfährt.
- Die *Interferenztechnik* erfaßt die Längenunterschiede optischer Wege, also Phasendifferenzen einer Wellenfront.

Die Interferenztechnik weist bei gleich aufwendigen Meßaufbauten die höhere Empfindlichkeit auf [22]. Daher wird im folgenden ausschließlich das interferometrische Meßverfahren benutzt.

Die Darstellung des physikalischen Zusammenhangs zwischen Gasdichte und Brechungsindex findet sich im Anhang A.3. Für den Sonderfall außerhalb der Resonanzstellen wird dort die bekannte *Gladstone-Dale* Gleichung Gleichung A.16 abgeleitet. Die Betrachtung des Sonderfalles in einer Resonanzstelle zeigt, daß die anomale Dispersion zu einem Brechungsindex-Unschärfebereich für $CO_2$-Strahlung führt. Dieser Bereich ist jedoch sehr klein gegen die Meßgenauigkeit des eingesetzten interferometrischen Verfahrens. Es kann deshalb geschlossen werden, daß die resonatorinterne $CO_2$-Laserstrahlung qualitativ die gleiche Phasendeformation erfährt wie die HeNe-Meßstrahlung.

## 4.1 Optische Weglängendifferenzen durch Gasdichtevariationen

Grundlage der interferometrischen Messungen ist das *Fermat*'sche Prinzip des optischen Weges [23]:

$$\Phi(x, y, L) = \int_0^L n(x, y, z)\, dz\,. \tag{4.1}$$

In einem Objekt, in dem der Brechungsindex von allen Ortskoordinaten abhängt, durchlaufen benachbarte Wellenelemente unterschiedliche optische Wege. Sie kommen in der gleichen Zeit nicht gleich weit bzw. brauchen für den gleichen geometrischen Weg unterschiedliche Zeiten.

Wenn zwei Wellenzüge zur Zeit $t = 0$ gleichphasig in ein Meßobjekt A eindringen, welches für alle Wellenzüge zwar gleiche *geometrische* Wege $L$ jedoch unterschiedliche *optische* Wege aufweist, so verlassen sie das Objekt nicht zur gleichen Zeit. Es ergibt sich also eine optische Weglängendifferenz. In Abbildung 4.1 ist eine solche Anordnung skizziert. Das Meßobjekt A befindet sich dabei in einem Objekt B, in dem der Brechungsindex $n_L$ eine Konstante ist, beispielsweise ist es mit stehender Luft gefüllt. Die zwei betrachteten Wellenzüge verlaufen auf den Wegen 1 und 2. Durch die unterschiedlichen Brechungsindexverläufe auf den zwei Wegen ändern sich die Fortpflanzungsgeschwindigkeiten, so daß nach dem Verlassen des Meßobjektes eine optische Weglängendifferenz $\Delta L$ besteht.

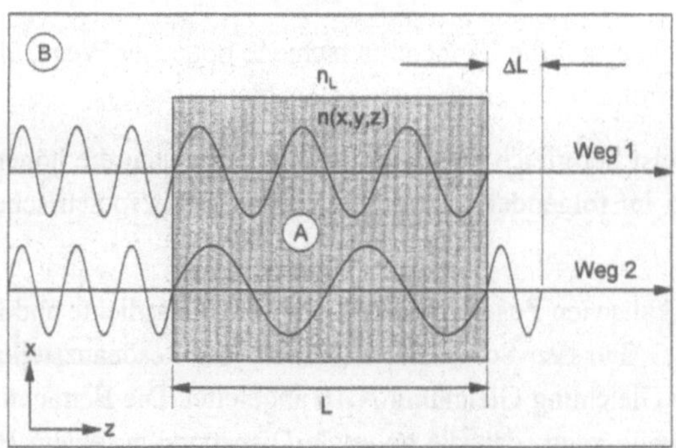


Abb. 4.1: Prinzipielle Darstellung zur Erzeugung einer Phasendifferenz durch Brechzahlvariation.

In der Zeit $t$, in welcher der Wellenzug auf dem Weg 1 $(x_1, y_1, z)$ das Objekt A gerade durchquert, ist der Wellenzug auf Weg 2 $(x_2, y_2, z)$ bereits weiter vorangeschritten, so daß gilt:

$$t(x_1, x_2, y_1, y_2) = \frac{1}{c}\int_0^L n(x_1, y_1, z)\, dz = \frac{1}{c}\int_0^L n(x_2, y_2, z)\, dz + \frac{1}{c} n_L \Delta L(x_1, x_2, y_1, y_2) \tag{4.2}$$

oder auch:

$$n_L \Delta L(x_1, x_2, y_1, y_2) = (\bar{n}(x_1, y_1) - \bar{n}(x_2, y_2))L = \overline{\Delta n}(x_1, x_2, y_1, y_2)L, \quad (4.3)$$

wenn

$$\bar{n}(x_i, y_i) = \frac{1}{L}\int_0^L n(x_i, y_i, z)\,\mathrm{d}z \quad (4.4)$$

der in Meßstrahlrichtung integrierte mittlere Brechungsindex und $\overline{\Delta n}(x_1, x_2, y_1, y_2)$ die mittlere Brechungsindexdifferenz zwischen den Wegen 1 und 2 ist. Mit Gleichung 4.3 kann die Ermittlung einer relativen Brechzahldifferenz also auf die interferometrische Messung einer optischen Weglängendifferenz zurückgeführt werden.

Wenn zu Gleichung 4.3 noch die *Gladstone-Dale* Gleichung A.16 im Anhang genommen wird, so ergibt sich der direkte Zusammenhang zwischen meßbarer optischer Weglängendifferenz und mittlerer Gasdichtedifferenz zu

$$\overline{\Delta\rho}(x_1, x_2, y_1, y_2) = \frac{2}{3L\mathfrak{R}}\Delta L(x_1, x_2, y_1, y_2). \quad (4.5)$$

Dabei wurde wegen $n_L \approx 1$ der Brechungsindex $n_L$ vernachlässigt.

Es ist durchaus möglich, daß bei einem Meßobjekt die Temperatur $T$ oder der Druck $p$ näherungsweise Konstanten sind, so daß die mittlere Gasdichtedifferenz ausschließlich auf eine mittlere Gasdruckdifferenz oder eine mittlere Gastemperaturdifferenz zurückgeht. Ein Beispiel für einen konstanten Druck mit einer Temperaturvariation ist gegeben, wenn eine schnelle, also dissipationsbehaftete, hydrodynamisch eingelaufene Rohrströmung in Strömungsrichtung betrachtet wird[1].

Mit Hilfe der Zustandsgleichung idealer Gase Gleichung A.6 im Anhang und Gleichung 4.5 können die folgenden Beziehungen hergeleitet werden:

Bei konstanter Temperatur $T$ gilt:

$$\overline{\Delta p}(x_1, x_2, y_1, y_2) = \frac{2R_sT}{3L\mathfrak{R}}\Delta L(x_1, x_2, y_1, y_2). \quad (4.6)$$

Bei konstantem Druck $p$ gilt:

$$\overline{\Delta T}(x_1, x_2, y_1, y_2) = \frac{2R_sT^2(x_1, x_2, y_1, y_2)}{3pL\mathfrak{R}}\Delta L(x_1, x_2, y_1, y_2); \quad (4.7)$$

$T$ ist hier der geometrische Temperaturmittelwert $T(x_1, x_2, y_1, y_2) = \sqrt{\bar{T}(x_1, y_1)\,\bar{T}(x_2, y_2)}$, wenn gilt $\bar{T}(x_2, y_2) - \bar{T}(x_1, y_1) = \overline{\Delta T}(x_1, x_2, y_1, y_2)$.

1. Dieses Beispiel wird in Kapitel 5.2 eingehend untersucht.

## 4.2 Interferometrische Messung von Gasdichteverteilungen

### 4.2.1 Prinzipieller Meßaufbau

Eine Methode zur Sichtbarmachung der Struktur einer Wellenfront, also einer Fläche konstanter Phase in bezug auf eine Referenzwellenfront ist die Zweistrahl-Interferometrie.

In einem Mach-Zehnder Interferometer wird ein Wellenzug zunächst in 2 Teilwellenzüge aufgeteilt, die nach dem Durchlaufen verschiedener Wege zur Sichtbarmachung der Laufzeitdifferenzen wieder zu einem Wellenzug vereint werden. In Abbildung 4.2 ist der prinzipielle Aufbau des eingesetzten Mach-Zehnder Interferometers dargestellt.

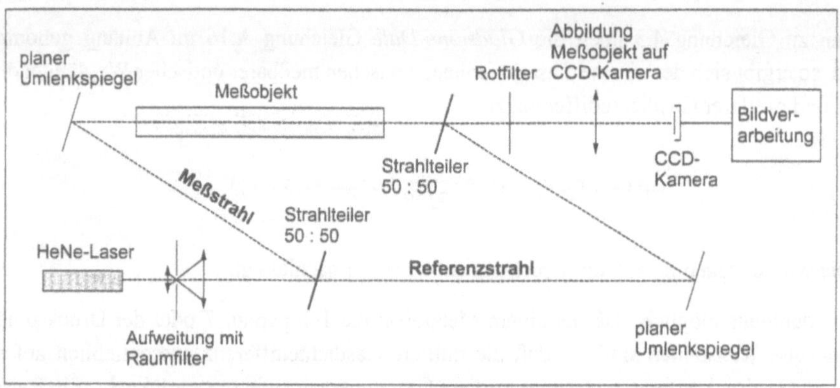


Abb. 4.2: Prinzip des Mach-Zehnder Interferometers zur Messung von optischen Weglängendifferenzen.

Der aufgeweitete Strahl eines HeNe-Lasers wird durch einen Strahlteiler in 2 Strahlen möglichst gleicher Intensität aufgeteilt. Während der Referenzstrahl ungestört propagiert, durchläuft der Meßstrahl ein Meßobjekt und erfährt so eine Deformation seiner Wellenfront in bezug auf die des Referenzstrahls. Die zwei Strahlen interferieren bei der Wiedervereinigung an einem zweiten Strahlteiler, so daß der weiterpropagierende Strahl die durch die Dichteverteilung des Meßobjektes dem Meßstrahl aufgeprägte Information in Form einer Intensitätsverteilung trägt. Ein nachgeschaltetes Rotfilter läßt nur die HeNe-Strahlung weiterpropagieren. Schließlich bildet eine Linse die mittlere Ebene des Meßobjektes auf die CCD-Kamera ab. Die auf die Kamera projizierten Interferenzlinien können direkt als Höhenlinien der deformierten Meßstrahlung interpretiert werden, wobei die Höhendifferenz von einer Linie zur nächsten der Wellenlänge der verwendeten Meßstrahlung, also einer optischen Weglängendifferenz von 632.8 nm, entspricht.

Die aufgezeichneten Interferogramme können durch eine rechnergestützte Bildverarbeitungsanlage in Oberflächenkonturen umgewandelt werden. Man kann zwei Methoden zur Streifenauswertung unterscheiden [24]:

- Die Auswertung nach dem *Phasenverschiebungs- (phase-shift) Verfahren* geht von mindestens drei Interferogrammen aus, zwischen denen eine definierte Verschiebung von einem der in Abbildung 4.2 skizzierten zwei Umlenkspiegel besteht. Die Aufnahmen erfolgen zeitlich nacheinander, das heißt die Zeitkonstanten der Änderungen im betrachteten Objekt müssen groß gegen die für die Aufnahme aller Bilder nötige Zeit sein.
- Im *Statischen Auswerteverfahren* sind hingegen keine Spiegelbewegungen nötig. Ausgehend von einem einzigen Interferogramm wird über eine Fourieranalyse die Topographie der Wellenfront berechnet. Verfahrensbedingt dürfen die Interferogramme keine geschlossenen Linien aufweisen, was durch Verkippen eines Umlenkspiegels und die dadurch hervorgerufene Überlagerung einer Struktur äquidistanter Interferenzstreifen realisiert werden kann.

Weil die Zeitkonstanten der Änderungen in den betrachteten Meßobjekten im Millisekundenbereich und darunter liegen, wird in der vorliegenden Arbeit ausschließlich ein statisches Auswerteverfahren [25] und eine Belichtungszeit von 50 µs eingesetzt. Die verfahrensbedingte Spiegelverkippung zum Erhalt nicht geschlossener Streifen führt zwangsläufig dazu, daß die ausgewerteten Oberflächenkonturen keine Aussagen über einen eventuell vorhandenen Keilwinkel in dieser Verkippungsrichtung enthalten.

Das einzelne Interferogramm enthält neben der zu messenden Information des Meßobjektes auch Informationen der beteiligten strahlführenden Elemente, sofern deren Eigenschaften von den geforderten optimalen abweichen. Dies ist leider immer der Fall, so daß zur Kompensation dieser statischen Effekte immer eine Referenzmessung ohne Meßobjekt im Meßstrahl durchgeführt werden muß. Das eigentliche Meßinterferogramm muß dann lediglich auf das Referenzinterferogramm referenziert werden. Das heißt, die zwei resultierenden Oberflächenkonturen werden voneinander subtrahiert. Eine direkte Folgerung aus dieser Vorgehensweise ist die Notwendigkeit einer geeigneten Stabilisierung der Meßanordnung, so daß Meß- und Referenzaufnahme mit möglichst identischer Strahlführung erstellt werden.

### 4.2.2 Schwingungsdämpfung des interferometrischen Meßaufbaus

In Abbildung 4.2 ist das interessierende Meßobjekt mit seinen länglichen Abmessungen skizziert. Es handelt sich dabei um bis zu zwei seriell angeordnete Gasentladungsrohre, deren Gesamtlänge bis zu 3 m betragen kann. Diese Länge des Meßobjektes bestimmt auch die Gesamtgröße des Interferometeraufbaus, so daß leicht zu ermessen ist, wie wichtig eine gute Stabilität des optischen Aufbaus ist. Verschärfend kommt hinzu, daß im konkreten Falle der beschriebenen Versuchsdurchführung in unmittelbarer Nähe des Interferometers leistungsstarke Maschinen eingesetzt sind. Dies sind zum einen die für die hohen Gasmassenflüsse nötigen Gasumwälzgebläse. Andererseits werden Wasserpumpen für die Kühlkreisläufe benötigt, mit deren Hilfe die in den Entladungen entstehende Verlustleistung abgeführt wird. Diese Maschinen zusammen mit anderen äußeren Einflüssen stellen erhebliche Schwingungsquellen dar, so daß es notwendig ist, den interferometrischen Aufbau durch eine optimierte schwingungsdämpfende Abhängung von diesen Schwingungsquellen zu entkoppeln.

Als eine mögliche Störquelle kommt zunächst die Eigenschwingung des Gebäudes in Betracht, die bei herkömmlicher Bauweise im Frequenzbereich unter 10 Hz liegt. Diese Eigenschwingung kann beispielsweise durch Verkehr, Maschinen aber auch durch Windböen angefacht werden, deren Frequenzspektrum im Bereich 10 Hz – 30 Hz liegen [26]. Im Fundament sind diese Schwingungen gedämpft, in den oberen Stockwerken werden sie deutlich verstärkt [27]. Aus diesem Grund sollten schwingungsempfindliche Messungen möglichst immer im Untergeschoß des Gebäudes durchgeführt werden.

Für eine gute Schwingungsdämpfung des optischen Versuchsaufbaus müssen die folgenden Anforderungen beachtet werden [28]:

- Für eine gute Isolation des gesamten Versuchsaufbaus muß seine Eigenfrequenz kleiner als die Erregerfrequenz und somit möglichst niedrig sein. Dies läßt sich beispielsweise durch Erhöhung der Systemmasse erreichen.
- Die Schwingungsamplituden des Systems können durch eine gute dynamische Stabilität minimiert werden. Eine fachwerkartige, symmetrisch aufgebaute Struktur ist hierfür besonders geeignet.
- Die eingesetzten Schwingungsisolatoren sollen ein auf den Versuchsaufbau optimiertes Dämpfungsverhalten aufweisen. Elastomere Federelemente sind aufgrund ihrer ausreichenden Eigendämpfung hierfür besonders geeignet. Die Optimierungsparameter sind Breite und Höhe der einzelnen Elemente.

Um diesen Forderungen nachkommen zu können, wurde im Rahmen der vorliegenden Arbeit ein speziell angepaßtes Meßverfahren zur Schwingungsdetektion entwickelt. In Abbildung 4.3 ist der prinzipielle Aufbau skizziert.

Der Meßaufbau ist dem des Interferometers sehr ähnlich. Ein nicht aufgeweiteter HeNe-Meßstrahl wird in einen Meß- und in einen Referenzarm aufgespaltet. Am zweiten Strahlteiler findet jedoch keine interferometrische Überlagerung statt, die zwei Teilstrahlen werden vielmehr so durch eine Sammellinse geführt, daß sie sich exakt auf einer ortsempfindlichen Photodiode überdecken. In der davor liegenden gemeinsamen Taillenebene der Teilstrahlen ist ein Strahlchopper dabei so angebracht, daß die effektive Choppersegment- und Chopperschlitzbreite sowie der Taillenabstand der Strahlen identisch sind. Im Sinne einer verständlichen Darstellung ist der eigentlich kreisförmige Strahlchopper im oben skizzierten Bildausschnitt in der Papierebene abgerollt skizziert. Der Chopper bewirkt also eine alternierende Strahltrennung, so daß nur jeweils einer der zwei Teilstrahlen durch einen Chopperschlitz hindurch zur Photodiode weiterpropagiert, während der andere durch ein Choppersegment absorbiert wird. Auf der Photodiode liegt also in einem bestimmten Zeitabschnitt nur einer der Teilstrahlen an. Im nächsten Zeitabschnitt trifft dann der andere Teilstrahl bei Abwesenheit von Störungen exakt die gleiche Stelle der Diode, was sich wiederholt. Die Umschaltzeiten sind dabei vernachlässigbar klein.

Wenn Störungen vorhanden sind, werden die jeweiligen Lageänderungen der Teilstrahlen in den jeweiligen Zeitabschnitten auf der Photodiode mit der Signalverarbeitung ausgewertet und können für beide Strahlen gemeinsam in einem Oszillogramm zeitseriell dargestellt werden. Die Dauer des Zeitabschnitts bzw. die Umschaltfrequenz kann durch die Rotationsgeschwindigkeit des Chopperblattes bestimmt werden.

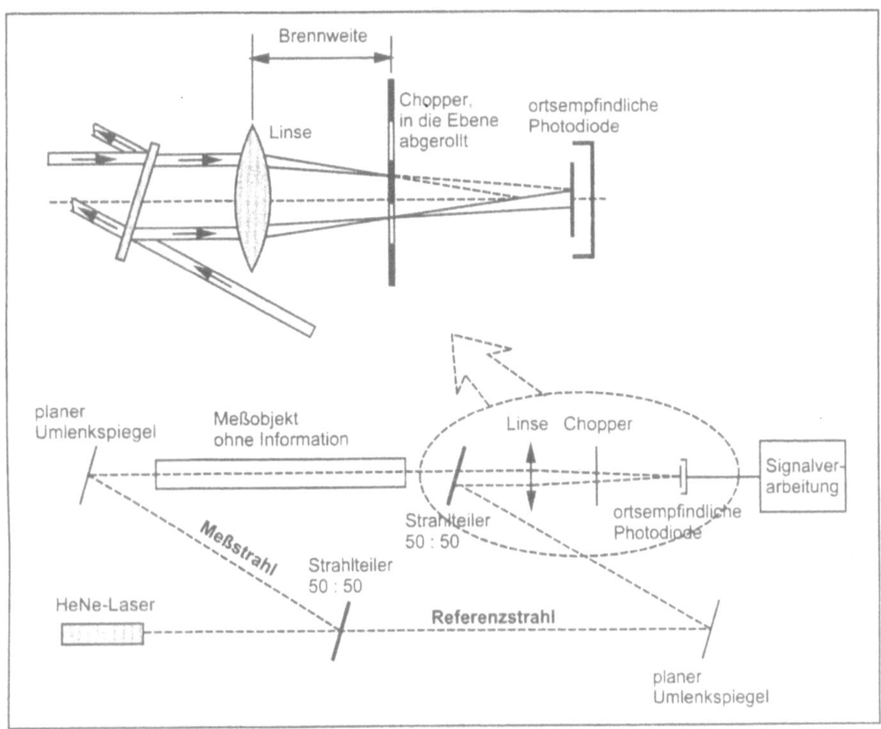


Abb. 4.3: Prinzip des Versuchsaufbaus für orts- und zeitaufgelöste Messungen von Schwingungsverläufen.

Das vorgestellte Meßprinzip weist einige Vorzüge gegenüber herkömmlichen Meßverfahren und mechanischen Aufnehmern auf:

- Genaue und trägheitsfreie Auflösung der auftretenden Schwingungen in Richtung, in Amplitude und in Zeit.
- Zeitaufgelöste Darstellung der Schwingungsamplituden der zwei Teilstrahlen zur selben Zeit mit derselben Photodiode und Signalverarbeitung, wodurch auch Phasendifferenzen der zwei Teilstrahlen leicht zugänglich sind.
- Wegen der gleichen Strahlführung von Schwingungsmeßaufbau und Interferometer sind die Ergebnisse direkt übertragbar.

Die Optimierung des Dämpfungsverhaltens erfolgt über Minimierung der absoluten Schwingungsamplituden durch geeignete Gestaltung der elastomeren Federelemente. Die Minimierung der Phasendifferenzen zwischen den zwei Teilstrahlen, also die Erhöhung der dynamischen Stabilität, wird durch eine verwindungssteife Tragstruktur erreicht.

Der in Abbildung 4.4 skizzierte optimierte Meßaufbau ist von der Decke vertikal über elastomere Schwingungsisolatoren abgehängt und weist Kantenlängen von 3.7 m in $z$-Richtung und 1.7 m in $x$-Richtung auf. Die in der $x,z$-Ebene verlaufenden Teilstrahlen sowie die in der $x,y$-Ebene positionierte Detektorfläche sind angedeutet.

Das hier nicht interessierende Meßobjekt selbst steht über einen Versuchstisch auf dem Boden und hat daher keine direkte mechanische Verbindung zu diesem Versuchsaufbau. Es ist zum besseren Verständnis, ebenso wie die strahlführenden Komponenten, nicht eingezeichnet.

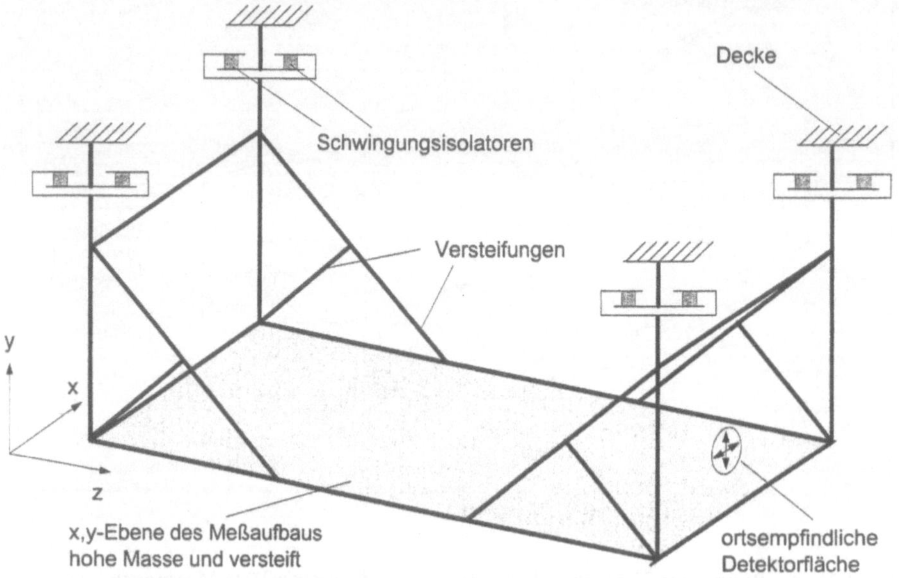


Abb. 4.4: Skizze der für die interferometrische Messung eingesetzten und von der Decke abgehängten Tragestruktur.

Nach erfolgter Optimierung der Schwingungsdämpfung des Versuchsaufbaus waren in der $x,z$-Ebene des Aufbaus keine Schwingungen mehr zu detektieren. In Abbildung 4.5 unten ist ein Oszillogramm der noch verbleibenden Schwingungen der Tragestruktur in $y$-Richtung dargestellt. Die zwei Strahlarme werden durch den Strahlchopper abwechselnd zur Diode durchgelassen und sind deshalb alternierend dargestellt. Die scharfen Extremwerte entstehen durch diese Strahlbeschneidungen und tragen nicht zur Information bei. Die den zwei Teilstrahlen zugeordneten kurzen Meßzyklen wurden mit Kreisen markiert, die dann darüber in Kopie dargestellt wurden. Zur besseren Unterscheidung der zwei Teilstrahlen ist jeder zweite Kreis ausgefüllt.

Man erkennt zunächst, daß beide Teilstrahlen mit der Systemeigenfrequenz der Tragestruktur von 50 Hz und einer maximalen Auslenkung von ca. 8 µm schwingen. Wichtig ist dabei der gute Gleichlauf der zwei Teilstrahlen-Schwingungen. Einerseits ist die Phasendifferenz vernachlässigbar, andererseits beträgt die Amplitudendifferenz zwischen Meß- und Referenzstrahl maximal 0.8 µm und ist damit um ungefähr eine Größenordnung geringer als die Schwingungsamplitude.

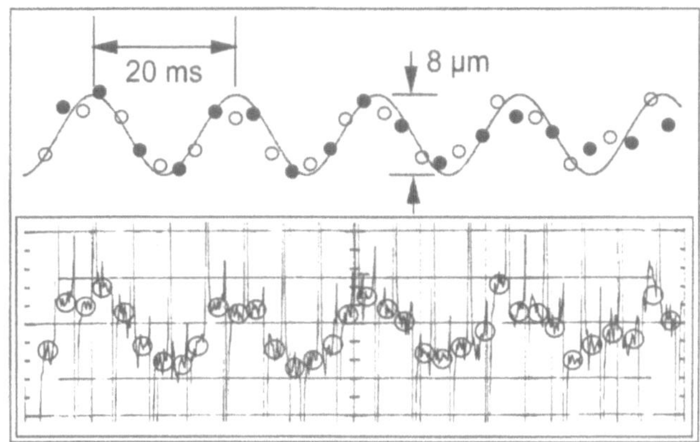


Abb. 4.5: Ausgewertetes Oszillogramm der Schwingungsmessung des optimierten Versuchsaufbaus in $y$-Richtung

Geringste Amplituden- und Phasendifferenzen der Schwingungen von Referenz- und Meßstrahl sind insbesondere wegen der nötigen und zur eigentlichen Meßaufnahme zeitversetzten Referenzaufnahme von großer Wichtigkeit. Relative Strahlverkippungen zwischen Meß- und Referenzaufnahme führen sonst zu scheinbaren Verkippungen der Oberflächenkonturen. Die damit verbundene Unsicherheit in der Bestimmung des realen Objektkippwinkels legt es nahe, die Interferometeranordung so zu justieren, daß durch eine Spiegelverkippung um die $x$- oder $z$-Achse, (jedoch nicht um die $y$-Achse) horizontale Interferenzstreifen entstehen. Damit ist dann genau die Richtung, in der das statische Auswerteverfahren keine Aussagen erlaubt, identisch mit derjenigen des Aufbaus mit nicht verschwindender Schwingungsamplitude. Andererseits ist die sehr gut schwingungsstabilisierte Richtung diejenige, in der das Auswerteverfahren Ergebnisse liefert.

Wenn ein Meßobjekt eine Symmetrieebene aufweist, d.h. wenn in der dazu senkrechten Richtung gar keine Verkippwinkel auftreten können, ist diese Ebene horizontal auszurichten. Weil einerseits die Strömungsführung und andererseits die Elektrodenanordnungen immer so aufgebaut wurden, daß die $x,z$-Ebene auch die Symmetrieebene war, ist dies in der hier vorliegenden Arbeit immer der Fall. Die interferometrischen Messungen lieferten also trotz Verwendung des statischen Auswerteverfahrens immer vollständige Aussagen über die real vorliegende Phasendeformation.

## 4.3 Kurzfassung der wichtigsten Ergebnisse

In diesem Kapitel wurde das eingesetzte optische Meßverfahren vorgestellt. Bei der detaillierten Beschreibung des praktisch realisierten und der Meßaufgabe angepaßten Interferometeraufbaus wurde das sich stellende Hauptproblem der Schwingungsminimierung gesondert behandelt. Das räumliche Zusammentreffen von leistungsstarken Maschinen und eines äußerst schwingungsempfindlichen Meßverfahrens verlangt nach einer angemessenen Lösung. Dazu wurde ein neuartiges und dennoch einfaches optisches Meßverfahren entwickelt, welches eine genaue und nahezu trägheitsfreie Auflösung der auftretenden Schwingungen in Richtung, Amplitude und Zeit erlaubt. Die konkret nötigen Schritte zur Schwingungsminimierung wurden erläutert.

# 5 Strömungsvorgänge in schnellgeströmten Rohren ohne Gasentladung

In den betrachteten schnellgeströmten Rohren finden Strömungsvorgänge statt, welche die Gasdichteverteilungen prägen. In diesem Kapitel werden die drei wichtigsten Phänomene theoretisch behandelt. Damit ist eine Berechnung der lokalen Gasdichteverteilungen bei Rohrströmungen für Gaslaser möglich.

Diese theoretischen Betrachtungen werden dann anhand des interferometrischen Meßverfahrens experimentell überprüft. Dabei wird die interferometrische Meßstrahlung analog zu der in einem Laserresonator erzeugten Laserstrahlung längs durch das Quarzrohr geführt. Die Gasdichteverteilung ist also in Rohrrichtung nur in ihrem mittleren Wert erfaßbar. Für eine Gegenüberstellung der experimentellen und theoretischen Ergebnisse ist daher noch eine Integration der theoretischen Verteilungen in Rohrrichtung nötig.

## 5.1 Die Strömungsumlenkungen im Rohrein- und im Rohraustrittsbereich

In den Entladungsrohren verläuft die erzeugte Laserstrahlung sowie der Gasfluß längs der gleichen Achse. Weil die Laserstrahlung jedoch prinzipbedingt in einem Spiegelresonator geführt bzw. reflektiert wird, muß der Gasfluß notwendigerweise in die Entladungsstrecken hinein und aus den Strecken heraus umgelenkt werden. Mit dieser Impulsänderung des Gasstromes ist eine Druck- und damit eine Gasdichteänderung verbunden, welche die interferometrische Meßstrahlung ebenso wie die zu erzeugende Laserstrahlung prinzipiell beeinflußt.

Bei schnellgeströmten Gaslasern sind zwei Entladungsstrecken immer so ausgelegt, daß ihre Strömungsrichtungen gegengerichtet sind, das heißt für die Strömungsumlenkung im Austrittsbereich ist jede Strecke der Impulspartner der anderen. Damit ist die Wahrscheinlichkeit, daß ein Metallpartikel[1] eine optische Fläche trifft, sehr gering. Zudem kann so sicher vermieden werden, daß das in der Gasentladung erhitzte Gas auf einen Resonatorspiegel oder ein Resonatorfenster prallt. Letzteres würde die optische Qualität der strahlführenden Komponenten durch thermisch induzierte Linsenwirkung entscheidend schwächen.

In Abbildung 5.1 sind die Strömungsumlenkungen der Ein- und Ausströmseite des Quarzrohres prinzipiell in Form von Stromlinien skizziert. Die zweidimensionale Darstellung ist auf die Rohrmittelebene reduziert. Die dazu senkrechten Ebenen $z = 0$ und $z = z_3$ repräsentieren die jeweiligen Umlenkungsebenen; $z = 0$ steht also für Resonatorspiegel oder Fenster, $z = z_3$ kann als Symmetrieebene zweier in positiver sowie in negativer $z$-Richtung strömender und modular nacheinander angeordneter Einzelströmungen interpretiert werden. Die Umlenkungen der Ein- und Ausströmseite sind bis auf die hier nicht wichtige turbulente Durchmischung in der Prallzone der zwei Ströme prinzipiell gleich.

---

1. Ein Metallpartikel kann beispielsweise in den Gaskühlern durch Abrieb zwischen Gehäuse und Kühleinsätzen in die Strömung gelangen.

Die sich aufbauende Dichteverteilung im für den Meßstrahl sichtbaren Bereich in der Rohrein- und Rohrausströmung ist vom Umlenkungswinkel abhängig und soll im folgenden für den Sonderfall der rechtwinkligen Anordnung theoretisch hergeleitet und abgeschätzt werden.

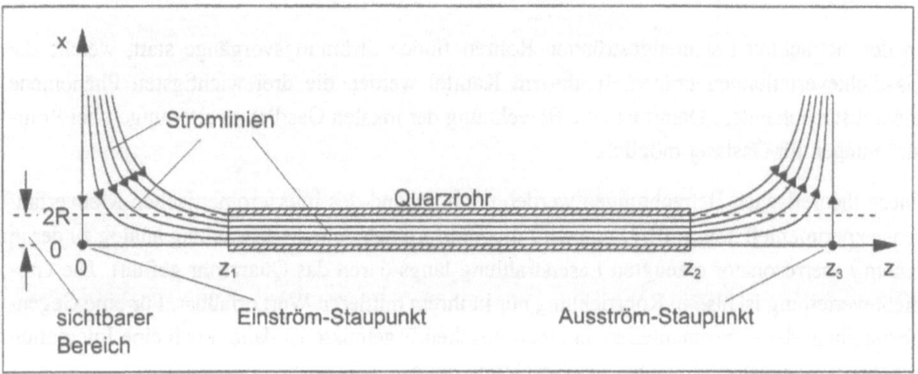


Abb. 5.1: Prinzipielle Darstellung der Strömungsumlenkungen im Rohrein- und im Rohraustrittsbereich.

Das berücksichtigte Strömungsmodell basiert auf der aus der Potentialtheorie bekannten ebenen Staupunktströmung [9]. Diese wird hier – in der Symmetrielinie geteilt – nur halbseitig, also mit nur einer Ab- bzw. Zuströmung und nur auf die Rohrmittelebene $y = 0$ angewandt. Ein inhärenter Nachteil dieser Modellvorstellung ist, daß nur die auf die Staupunkte hinführende Stromlinie an den Quarzrohrenden bei $z = z_1$ und $z = z_2$ stetig differenzierbar ist. Der in x-Richtung zunehmende Knick der Stromlinien an dieser Schnittstelle führt dazu, daß die theoretisch hergeleitete Dichteverteilung einen etwas zu geringen Abfall in $x$-Richtung aufweist. Diese Diskrepanz zur Realität wird um so bedeutender, je kleiner die Strecken $z_1$ bzw. $z_3 - z_2$ im Verhältnis zum Rohrradius $R$ werden. Ein weiterer in Kauf zu nehmender Fehler entspringt der in der Potentialtheorie vorausgesetzten Reibungsfreiheit.

Nach der Potentialtheorie sind die in Abbildung 5.1 skizzierten Stromlinien im Rohreintrittsbereich durch die Hyperbelschar

$$x(z) = \frac{C_1}{z} \tag{5.1}$$

und der Betrag der Gasgeschwindigkeit durch

$$v(x, z) = C_2 \sqrt{x^2 + z^2} \tag{5.2}$$

definiert, $C_1$ und $C_2$ sind Konstanten.

Für die folgenden Rechnungen ist der im Koordinatenursprung lokalisierte Staupunkt der Bezugspunkt. Die Gastemperatur an diesem Ort kann aus dem Energiesatz Gleichung 3.18 mit verschwindender Verlustleistung zu

$$T_T = T(0,0) = T(x,z) + \frac{v^2(x,z)}{2c_p} \tag{5.3}$$

bestimmt werden[1], $T_T$ ist die Stautemperatur.

Weiterhin nötig ist die *Bernoulli*-Gleichung[2], die den Gesamtgasdruck im Staupunkt $p_T$ als Summe von statischem Druck $p$ und Staudruck beschreibt [29]

$$p_T = p(0,0) = p(x,z) + \frac{\rho(x,z)\,v^2(x,z)}{2}. \tag{5.4}$$

Wenn an der Position $(0, z_l)$ die Rohreingangsgrößen $v(0, z_l)$, $p(0, z_l)$ sowie $T(0, z_l)$ bekannt sind, kann nach Gleichung 5.2 zunächst die Konstante $C_2$ bestimmt werden, so daß sich die Gasgeschwindigkeit zu

$$v(x,z) = v(0,z_l)\frac{\sqrt{x^2+z^2}}{z_l} \tag{5.5}$$

ergibt. Zusammen mit Gleichung 5.3 kann dann die Temperaturverteilung

$$T(x,z) = T(0,z_l) + \frac{v^2(0,z_l)}{2c_p}\left(1 - \frac{x^2+z^2}{z_l^2}\right) \tag{5.6}$$

berechnet werden. Mit der Zustandsgleichung idealer Gase Gleichung A.6 im Anhang kann schließlich die Gasdichteverteilung in Abhängigkeit von den geometrischen Größen und den Rohreingangsgrößen angegeben werden:

$$\rho(x,z) = \frac{p_T}{R_s T(\mathrm{x},z) + \frac{v^2(x,z)}{2}}. \tag{5.7}$$

Der Gesamtgasdruck ist dabei nach Gleichung 5.4 aus den gegebenen Rohreingangsgrößen hergeleitet worden.

Die in $z$-Richtung gemittelte Gasdichteverteilung im Rohreintrittsbereich ist dann durch

$$\overline{\rho(x)} = \frac{1}{z_l}\int_0^{z_l} \rho(x,z)\,dz \tag{5.8}$$

---

1. Diese Stautemperaturerhöhung ist die Begründung für die Meßprobleme, die bei der Temperaturbestimmung in einem Fluid auftreten und ist deshalb in der Literatur als *Thermometerproblem* bekannt.
2. Diese Form der *Bernoulli*-Gleichung kann lediglich für inkompressible Strömungen, also für kleine *Mach*-Zahlen $Ma \leq 0.3$ verwendet werden. Im Rohreintrittsbereich ist dies im allgemeinen der Fall.

am Ort $x$ gegeben, woraus die auf die Meßstrahlung im Rohreintrittsbereich $0 \leq z \leq z_I$ und $0 \leq x \leq 2R$ schließlich wirkende relative Gasdichteverteilung durch

$$\overline{\Delta\rho_{Prall}(x)} = \overline{\rho(x)} - \overline{\rho(2R)} \tag{5.9}$$

beschrieben werden kann.

Wenn die folgende Näherung gilt

$$\frac{v^2(x,z)}{R_S T(x,z)} < 1 , \tag{5.10}$$

kann die sich ergebende relative Gasdichteverteilung mit der Parabelgleichung

$$\overline{\Delta\rho_{Prall}(x)} \approx 2p_T \left( \frac{v(0, z_1) R}{R_S T(0, z_1) z_1} \right)^2 \left( 1 - \left( \frac{x}{2R} \right)^2 \right) \tag{5.11}$$

angenähert werden.

In Abbildung 5.2 ist die sich mathematisch exakt ergebende relative Gasdichteverteilung dargestellt. Die optische Wirkung einer Strömungsumlenkung entspricht also unter den hier betrachteten Näherungen der einer halben konvexen optischen Keilplatte. Dadurch wird die resonatorinterne Strahlung in der betrachteten $x,z$-Ebene umgelenkt.

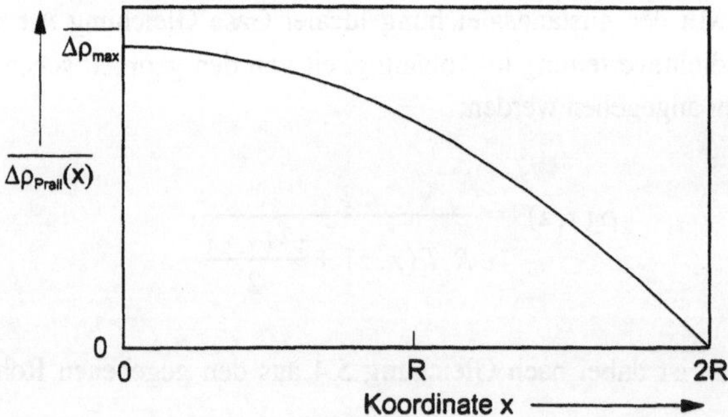


Abb. 5.2: Relative und in $z$-Richtung gemittelte Gasdichteverteilung im Rohreintrittsbereich.

Aus Gründen der Symmetrie führt die Beschreibung des Rohraustrittsbereichs formal zu den gleichen Zusammenhängen, wobei außer den entsprechenden Geometrieparametern noch die thermodynamischen Rohraustrittswerte anstelle der Eintrittswerte berücksichtigt werden müssen.

Die durch die Strömungsumlenkungen im Ein- und Austrittsbereich verursachten relativen Gasdichteverteilungen wurden vom Autor nicht nur für die hier betrachtete Konfiguration, sondern zusätzlich noch für eine Vielzahl von kommerziell erhältlichen schnell geströmten $CO_2$-Gaslasern bestimmt. Im Rohraustrittsbereich wurden dabei die durch die Gasentladung bestimmten thermodynamischen Parameter mit Hilfe des in Kapitel 3 hergeleiteten Modells ermittelt. In allen betrachteten Fällen liegt die maximale Dichtedifferenz im Bereich

$$10^{-5}\mathrm{kg/m}^3 \le \overline{\Delta\rho_{max}} \le 10^{-4}\mathrm{kg/m}^3 \ . \tag{5.12}$$

Umgerechnet auf die interferometrisch erfaßbare optische Weglängendifferenz ergibt sich nach Gleichung 4.5 für alle betrachteten Strömungsumlenkungen ein Wertebereich von

$$1\mathrm{nm} \le \Delta L_{max} \le 10\mathrm{nm} \ . \tag{5.13}$$

Für eine einzelne Gasentladungsstrecke mit ihren zwei Strömungsumlenkungen ist diese maximale optische Weglängendifferenz verschwindend gering und kann bei Einsatz von HeNe-Meßstrahlung ohnehin nicht detektiert werden. Wenn jedoch ein Lasersystem aus beispielsweise 16 Entladungsstrecken mit also 32 Strömungsumlenkungen aufgebaut werden soll, ist es empfehlenswert, das System so zu gestalten, daß die optische Keilwirkung aller Strömungsumlenkungen sich nicht aufaddiert. Eine solche im Laserresonator verteilt wirkende Keilwirkung führt einerseits zu einer prozentual geringeren Ausnutzung des laseraktiven Mediums, andererseits kann nicht die potentiell mögliche Fokussierbarkeit der emittierten Strahlung erwartet werden. Eine nachträgliche Korrektur durch definierte Verkippung der resonatorinternen Umlenkspiegel erscheint unmöglich. Es ist deshalb ratsam, bereits bei der Gestaltung der Strömungs- und Strahlführung eines Lasersystems eine Kompensation dieser Keilwirkungen anzustreben.

## 5.2 Verknüpfung von Temperatur- und Geschwindigkeitsverteilung

Die enge Verknüpfung von Temperatur- und Geschwindigkeitsverteilung in einem strömenden, kompressiblen Fluid [30], [31] kann aus den folgenden Zusammenhängen ersehen werden:

Bei hohen Strömungsgeschwindigkeiten muß die durch Reibung im Fluid entstehende Wärme berücksichtigt werden. Aus Gleichung 3.16 geht hervor, daß große Geschwindigkeitsgefälle zu nennenswerten Anteilen dissipierter Leistung führen. Gleichung 5.3 zeigt den adiabatischen Temperaturanstieg bei Verzögerung auf die Strömungsgeschwindigkeit $v = 0$.

In einer Strömung in einem adiabat isolierten Rohr ist die *Eigentemperatur* $T_e$ diejenige Temperatur, die sich in der äußersten Strömungsschicht von selbst einstellt [2], [3]. Die Eigentemperatur hängt vom Verhältnis der dynamischen Zähigkeit zur Wärmeleitfähigkeit, also von der *Prandtl*-Zahl

$$Pr = \frac{\eta c_p}{\lambda_W} \tag{5.14}$$

ab. Die *Prandtl*-Zahl ist ein Stoffwert[1] und liegt hier, wie bei allen Gasen, im Wertebereich knapp unter 1.

Im allgemeinen ist die sich einstellende Eigentemperatur $T_e$ nicht gleich der Stautemperatur $T_T$, die sich gemäß Gleichung 5.3 beispielsweise aus den Werten der Kernströmung beim Radius $r = 0 : T(0)$ und $v(0)$ ergibt:

$$T_T = T(0) + \frac{v^2(0)}{2c_p} . \tag{5.15}$$

Um diese Abweichung darzustellen, ist ein *Rückgewinnfaktor* (recovery-factor)

$$r_{rec} = \frac{T_e - T(0)}{v^2(0)/2c_p} \tag{5.16}$$

definiert, der für turbulente Gasströmungen gut durch

$$r_{rec} \approx \sqrt[3]{Pr} \tag{5.17}$$

angenähert werden kann [32]. Die Eigentemperatur ist also nur bei $Pr = 1$ identisch mit der Stautemperatur. Die sich im Rohr einstellende Gastemperatur kann im adiabatischen Fall, also ohne Wärmeleitungsvorgänge über die Rohrwandung, durch

$$T(\mathrm{r}) = T(0) + \frac{\sqrt[3]{Pr}}{2c_p}(v^2(0) - v^2(r)) \tag{5.18}$$

beschrieben werden.

Mit der hier wiederholten Geschwindigkeitsverteilung nach Gleichung 3.32

$$v(r) = v(0)\left(1 - \frac{r}{R}\right)^{\frac{1}{h}} \tag{5.19}$$

kann die Temperaturverteilung einer hydrodynamisch eingelaufenen, schnellen Gasströmung ohne Gasentladung im adiabatischen Fall nach Gleichung 5.18 dann wie folgt dargestellt werden:

$$T(\mathrm{r}) = T(0) + \frac{\sqrt[3]{Pr}}{2c_p}v^2(0)\left(1 - \left(1 - \frac{r}{R}\right)^{\frac{2}{h}}\right) . \tag{5.20}$$

1. Die *Prandtl*-Zahl ist wie die 3 zugrundeliegenden und in Abbildung A.1 gezeigten Stoffwerte temperaturabhängig.

In Abbildung 5.3 ist die Geschwindigkeitsverteilung Gleichung 5.19 sowie die Temperaturverteilung Gleichung 5.20 einer beispielhaften Rohrströmung in einem Querschnitt dargestellt, in dem der hydrodynamisch ausgebildete Zustand erreicht ist. Die angenommenen Werte sind $T(0) = 293\ \text{K}$, $v(0) = 277\ \text{m/s}$, $h = 6$, $c_p = 2384\ \text{J/(kg K)}$, $Pr = 0.88$ und $R = 23\ \text{mm}$. Berücksichtigt wurde die Standardgasmischung.

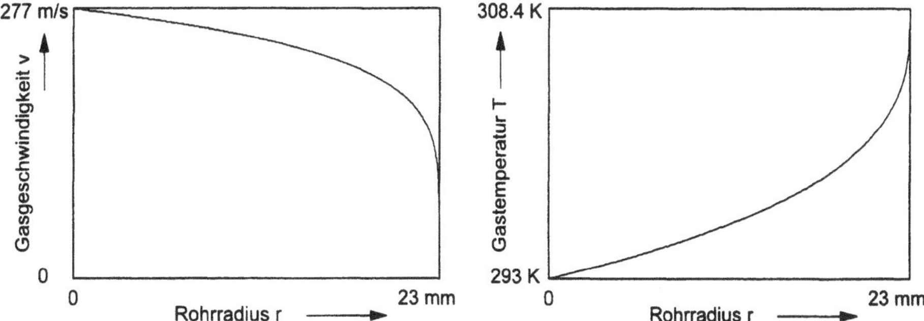


Abb. 5.3: Radiale Verteilungen der Gasgeschwindigkeit und der Gastemperatur einer hydrodynamisch eingelaufenen schnellen Rohrströmung. Parameter im Text.

In Abbildung 5.3, rechts, sind zwei Schwachpunkte der angenommenen Modellvorstellung zu erkennen: Aus physikalischen Gründen muß $\partial T/\partial r$ in der Rohrachse bei $r = 0$ und an der Rohrwandung bei $r = R$ verschwinden, da $\partial T/\partial r = 0$ bedeutet, daß keine Wärmeleitung stattfindet. In der Rohrmitte muß das aus grundsätzlichen Symmetriebetrachtungen heraus gelten. An der Rohrwandung wurden explizit adiabatische Verhältnisse, also die Abwesenheit von Wärmeaustauschvorgängen mit der Umgebung, vorausgesetzt. Beide Unzulänglichkeiten des Modells resultieren aus der zugrundegelegten Geschwindigkeitsverteilung, die in Abbildung 5.3 links dargestellt ist.

Wegen $\partial v/\partial r|_R \to -\infty$ gilt an der Rohrwandung $\partial T/\partial r|_R \to \infty$. Dieses Verhalten ist damit zu erklären, daß die Ausbildung einer *laminaren Strömungsunterschicht* an der Rohrwandung nicht berücksichtigt ist. Die Ausdehnung $r_\delta$ dieser Schicht kann nach [3], [16] oder [8] wie folgt abgeschätzt werden:

$$r_\delta \approx 5 \frac{\eta}{\rho w_\tau} . \tag{5.21}$$

Dabei ist die Definition der Schubspannungsgeschwindigkeit

$$w_\tau = \sqrt{\frac{\tau_w}{\rho}} . \tag{5.22}$$

Die Schichtdicke beträgt also im beispielhaften Fall nur $r_\delta \approx 90\ \mu\text{m}$. Deshalb ist hier die Vernachlässigung der laminaren Unterschicht berechtigt.

In der Rohrachse weist die Geschwindigkeitsbeziehung Gleichung 5.19 mit $\partial v/\partial r|_{r=0} = -v(0)\,(hR)^{-1}$ einen nicht verschwindenden Gradienten auf. Bei einer hydrodynamisch eingelaufenen Rohrströmung muß sich jedoch in der Kernzone eine flache Geschwindigkeitsverteilung ausbilden. Diese Unzulänglichkeit führt zu einer Verfälschung der modellierten Temperaturverteilung, die insbesondere im direkten Vergleich zu interferometrisch gemessenen Verteilungen sichtbar wird. Deshalb wird die üblicherweise verwendete und bewährte Beziehung für die Geschwindigkeitsverteilung einer turbulenten Rohrströmung im weiteren modifiziert.

Dazu wird ein Polynom der Form $f(r) = ar^2 + b$ so gewählt, daß Gleichung 5.19 an einem Radiuswert $r = R_m$ stetig und stetig differenzierbar fortgesetzt wird. Wenn beispielsweise $R_m = R/2$ gewählt wird, betragen die Polynom-Koeffizienten

$$a = \frac{-2v(0)}{R^2 h \sqrt[h]{2}}, \tag{5.23}$$

$$b = v(0)\frac{1+2h}{2h\sqrt[h]{2}}. \tag{5.24}$$

Wenn nun *f(r)* im Bereich $0 \le r \le R/2$ und *v(r)* im Bereich $R/2 \le r \le R$ gilt, dann ist gerade das mittige Viertel der Strömungsquerschnittsfläche gegenüber der ursprünglichen Verteilung abgeflacht. Die neue, modifizierte Verteilung der Geschwindigkeit lautet dann:

$$v_{m1}(r) = v_{m1}(0)\,\Delta v_{m2}(r) = v(0)\frac{1+2h}{2h\sqrt[h]{2}}\begin{cases} 1-\dfrac{4r^2}{R^2(1+2h)} & \text{für} \quad 0 \le r \le R/2 \\[2ex] \dfrac{2h\sqrt[h]{2}}{1+2h}\left(1-\dfrac{r}{R}\right)^{\frac{1}{h}} & \text{für} \quad R/2 \le r \le R \end{cases}. \tag{5.25}$$

Die mittige Abflachung bewirkt, daß sich bei $h = 6$ die Geschwindigkeit auf der Rohrachse auf $v_{m1}(0) = 0.965v(0)$ vermindert. Um dies zu verhindern, kann die folgende Geschwindigkeitsverteilung definiert werden:

$$v_{m2}(r) = v_{m2}(0)\,\Delta v_{m2}(r) = v(0)\begin{cases} 1-\dfrac{4r^2}{R^2(1+2h)} & \text{für} \quad 0 \le r \le R/2 \\[2ex] \dfrac{2h\sqrt[h]{2}}{1+2h}\left(1-\dfrac{r}{R}\right)^{\frac{1}{h}} & \text{für} \quad R/2 \le r \le R \end{cases}. \tag{5.26}$$

Dieses Profil $v_{m2}(r)$ ist im Vergleich zum ursprünglichen $v(r)$ wie gewünscht abgeflacht, weist aber dieselbe Geschwindigkeit auf der Rohrachse $v_{m2}(0) = v(0)$ auf. Die darauf basierende, modifizierte Temperaturverteilung ist dann

$$T_m(r) = T(0) + \frac{\sqrt[3]{Pr}}{2c_p} v^2(0)\,(1 - \Delta v^2_{m2}(r)) \,. \tag{5.27}$$

Diese neuen, modifizierten Verteilungen der Geschwindigkeit, Gleichung 5.26 und der Temperatur, Gleichung 5.27 sind in Abbildung 5.4 dargestellt.

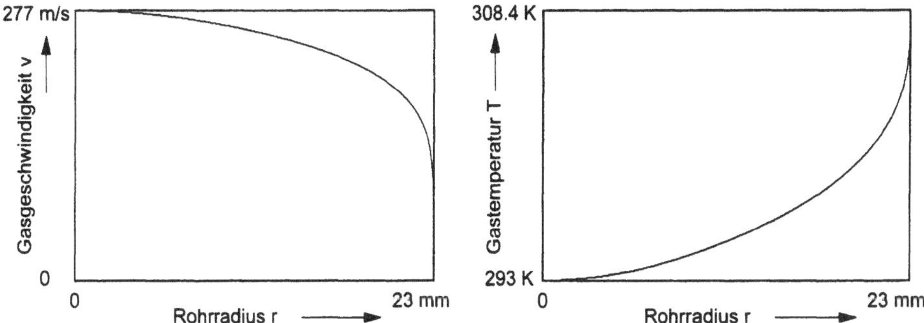


Abb. 5.4: Modifizierte radiale Verteilungen der Gasgeschwindigkeit und der Gastemperatur einer hydrodynamisch eingelaufenen schnellen Rohrströmung.

Die durchgeführte Änderung an den Geschwindigkeits- und somit auch an den Temperaturverteilungen erscheint zunächst willkürlich. Sie erlaubt jedoch eine wesentlich bessere Beschreibung der sich einstellenden Gasdichteverteilungen. Dies wird bei der Beschreibung der reinen Rohrströmung (Abbildung 5.6) wie auch insbesondere bei der Modellierung verschiedener Gasentladungen (siehe Kapitel 8) deutlich[1].

Die hergeleitete Gastemperaturverteilung beschreibt lediglich den hydrodynamisch eingelaufenen Zustand. Im Kapitel 3.3.1 wurde bereits dargelegt, daß die realen Strömungsverhältnisse vom Einlaufverhalten der Rohrströmung geprägt sind. Daraus folgt, daß weitere Modifikationen am Temperaturprofil nötig sind. Sie werden im folgenden Unterkapitel vorgestellt.

## 5.3 Das hydrodynamische Einlaufverhalten der Rohrströmung

Die Geschwindigkeitsverteilung ist im Eintrittsbereich der Strömung zunächst weitgehend eben und entwickelt sich dann weiter bis schließlich bei Erreichen der Einlauflänge ein hydrodynamisch ausgebildetes – also im weiteren konstantes – Geschwindigkeitsprofil vorliegt.

In [10] wurden die Geschwindigkeitsprofile von Rohrströmungen im Eintrittsbereich und im relevanten *Reynolds*-Zahlbereich $10000 \le Re \le 50000$ experimentell ermittelt. Diese dort gemessenen Profile können in guter Näherung durch Gleichung 5.26 beschrieben werden, wenn zusätzlich die folgende exponentielle Abhängigkeit des Formexponenten $h$ von der Rohrposition $z$ beachtet wird:

1. Bei der Modellierung der Gasdichteverteilungen von Gasentladungsstrecken, die ein hohes Maß an Homogenität erreichen, führt das nicht modifizierte Geschwindigkeitsprofil rohrmittig zu dominanten kegelförmigen Verfälschungen.

$$h(z) = 6 + 24\exp\left(-6\frac{z}{z_e}\right) . \tag{5.28}$$

Es gilt dann analog zu Gleichung 5.26 eine Geschwindigkeitsverteilung $v_{m2}(r, h(z))$.

Die von $z$ abhängige Maximalgeschwindigkeit in der Rohrmitte $v(0, h(z))$ ergibt sich aus der bei Rohrströmung näherungsweise[1] konstanten mittleren Geschwindigkeit $v$, die für jedes $z$ durch eine Integration des Geschwindigkeitsprofils über die Rohrquerschnittsfläche dargestellt werden kann:

$$v = \frac{2}{R^2}\int_0^R v(0, h(z))\left(1 - \frac{r}{R}\right)^{\frac{1}{h(z)}} r dr . \tag{5.29}$$

Die mittlere Gastemperatur ergibt sich also analog zur Gleichung 5.8 und mit Gleichung 5.27 zu

$$\overline{T_m(r)} = \frac{1}{L}\int_0^L\left(T(0) + \frac{\sqrt[3]{Pr}}{2c_p}v^2(0, h(z))\,(1 - \Delta v_{m2}^2(r, h(z)))\right)dz . \tag{5.30}$$

In Abbildung 5.5 sind die ortsabhängigen Geschwindigkeits- und Temperaturverteilungen an jeweils fünf ausgewählten, äquidistanten Rohrpositionen dargestellt. Die berücksichtigten Parameter sind mit denen für Abbildung 5.3 auf Seite 51 identisch. Dabei beträgt die Einlauflänge, entsprechend den in Unterkapitel Kapitel 3.3.1 gewonnenen Ergebnissen, $z_e \approx 60R$.

Im unteren Schaubild von Abbildung 5.5 ist zu den lokal gültigen Temperaturprofilen noch die entsprechend Gleichung 5.30 berechnete mittlere Gastemperaturverteilung eingezeichnet. Am flachen Verlauf der mittleren Temperaturverteilung gegenüber dem nahezu hydrostatisch ausgebildeten Profil ist gut zu erkennen, daß die Einlaufphase der Rohrströmung bei den betrachteten kurzen Rohren nicht vernachlässigbar ist.

1. Der Massenfluß $\dot{m}$ ist bei Rohrströmungen immer konstant, die mittlere Geschwindigkeit $v$ ist jedoch nur in einer inkompressiblen Näherung konstant. Der daraus entstehende Fehler ist hier jedoch vernachlässigbar.

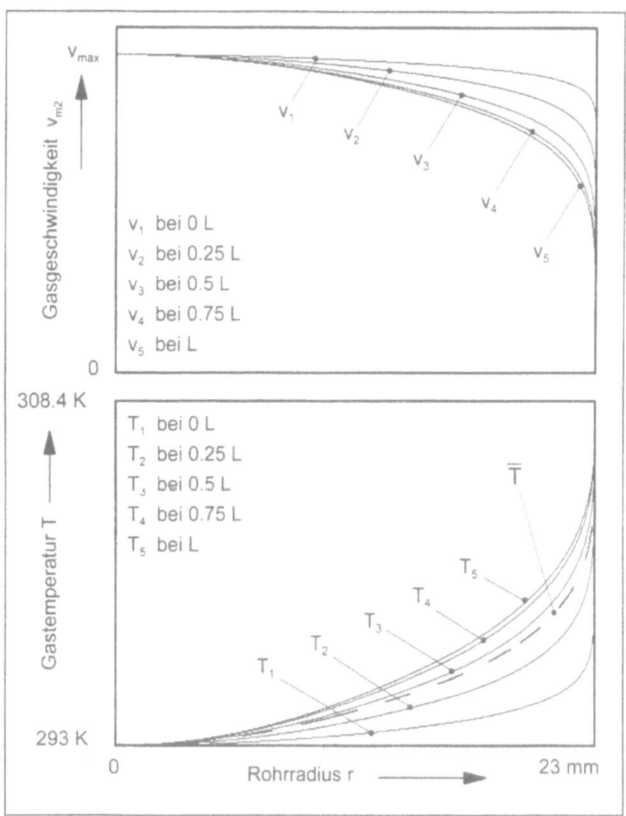


Abb. 5.5: Berechnete lokale Geschwindigkeits- und Temperaturprofile an fünf ausgewählten Rohrpositionen zwischen Anfang und Ende des betrachteten Rohrstücks sowie der berechnete mittlere Temperaturverlauf $\bar{T}$. Die Geschwindigkeitsprofile sind auf die jeweiligen $v_{max} = v(0, h(z))$ normiert.

## 5.4 Vergleich von Theorie und Experiment

In den drei vorangehenden Unterkapiteln wurden physikalische Eigenheiten von Rohrströmungen vorgestellt, die für schnell längsgeströmte Gaslaser von unterschiedlicher Bedeutung sind.

In Kapitel 5.1 wurde in einer Abschätzung gezeigt, daß die von den Strömungsumlenkungen am Anfang und am Ende eines Entladungsrohres verursachten Gasdichteverläufe von vernachlässigbarer Größenordnung sind. Demzufolge dürfen die interferometrisch gemessenen Gasdichteverläufe nur vom Radius abhängen, müssen also rotationssymmetrisch sein.

In Kapitel 5.2 wurde dargelegt, daß die entstehende Temperaturverteilung nicht vernachlässigbar ist. In Erweiterung dazu wurde in Kapitel 5.3 gezeigt, daß die Temperaturverteilung nicht nur vom Radius, sondern auch von der Koordinate in Hauptströmungsrichtung $z$ abhängt.

Interferometrische Messungen der von einer Rohrströmung verursachten Phasendeformation sollten also achsensymmetrisch und nur von der einlaufgeprägten Temperaturverteilung beeinflußt sein. In Abbildung 5.6 sind zwei Vergleiche zwischen Theorie und Experiment dargestellt.

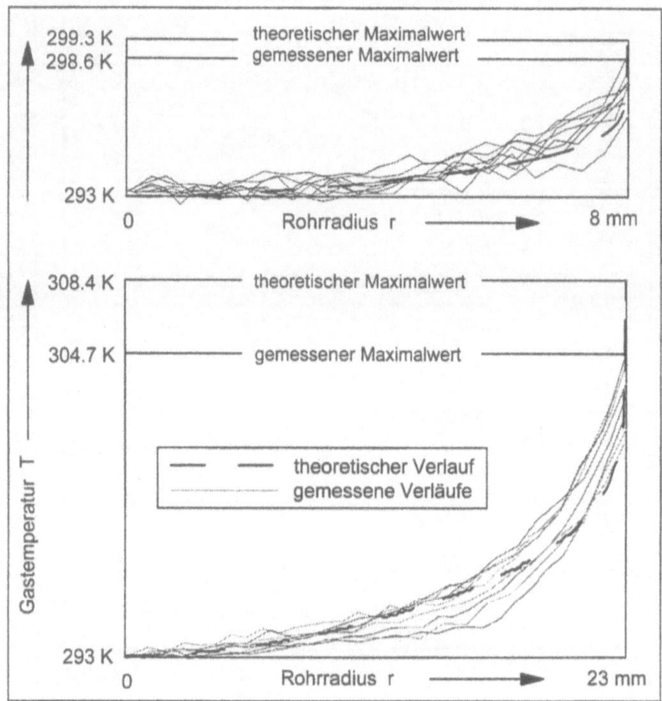


Abb. 5.6: Vergleich von interferometrisch gemessenen und theoretisch vorhergesagten Gastemperaturprofilen für zwei unterschiedliche Konfigurationen.

Im Bild unten ist die bereits den Abbildungen 5.4 und 5.5 zugrundeliegende Rohrströmung gezeigt. Oben ist zusätzlich eine Rohrströmung aufgeführt, die dazu erhebliche Abweichungen in Abmessung, Geschwindigkeit, Gasdruck und Gasgemisch aufweist. Zum besseren Vergleich sind beide gemessenen Phasendeformationsprofile nach Gleichung 4.7 in die entsprechenden Temperaturprofile umgerechnet. Die gemessenen gasdynamischen und geometrischen Parameter der zwei verschiedenen Rohrströmungen sind die Eingangsgrößen für Gleichung 5.30, woraus sich dann die jeweiligen theoretischen Temperaturverläufe ergeben.

Es ist offensichtlich, daß mit der einlaufgeprägten Temperaturverteilung der physikalisch dominierende Vorgang gefunden wurde. Bei den zwei Prognosen der von Rohrströmungen verursachten Phasendeformationen fällt allerdings eine Abweichung zwischen Theorie und Messung auf. Die theoretisch gefundenen Maximaltemperaturen, die Eigentemperaturen der Strömungen, sind größer als die gemessenen. Dies ist in erster Linie auf Justageschwierigkeiten beim Aufbau des Interferometers zurückzuführen. Kleinste Fehljustagen führen durch

Strahlbeschneidungen bereits zu deutlich reduzierten meßbaren Maximalwerten. Weil die Länge des in Abbildung 5.6, oben untersuchten Entladungsrohres deutlich kürzer war, ist deshalb auch die Diskrepanz geringer als unten.

## 5.5 Kurzfassung der wichtigsten Ergebnisse

In diesem Kapitel wurde eine Übersicht über die bereits von einer reinen Rohrströmung, also ohne externe Leistungseinkopplung, verursachten Variationen in der Gasdichte gegeben.

Für die theoretische Abschätzung der von den Strömungsumlenkungen verursachten Gasdichtevariation wurde die Potentialtheorie herangezogen. Es ergab sich eine parabelförmige Abhängigkeit von der Raumkoordinate, in die oder aus der die Strömung umgelenkt wird. Dieser physikalische Vorgang hat für die einzelne Entladungsstrecke keine Bedeutung, sollte jedoch bei der Auslegung eines Vielstrecken-Lasersystems beachtet werden.

In dem für Laseranwendungen relevanten Geschwindigkeits- und Druckbereich dominieren die Auswirkungen der einlaufgeprägten Temperaturverteilung. Für diesen Betriebsbereich wurde der nötige mathematische Formalismus zusammengestellt, so daß der interessierte Anwender die Ergebnisse direkt für seine Verhältnisse umsetzen kann.

In einem direkten Vergleich zwischen Theorie und Praxis konnten die theoretischen Annahmen und entwickelten Modellvorstellungen mit guter Genauigkeit bestätigt werden.

# 6 Turbulenz und Drall bei Rohrströmungen

Im vorangehenden Kapitel wurden lediglich reine Rohrströmungsphänomene untersucht. Wird nun eine Gasentladung in dem strömenden Gas zugelassen, so müssen zum Verständnis der Vorgänge noch weitergehende Betrachtungen angestellt werden. Diese resultieren daraus, daß die Gasentladung nur mit großer Sorgfalt so gestaltet werden kann, daß eine homogene Einbringung der elektrischen Leistung und somit eine im Rohrquerschnitt homogene Veränderung der thermodynamischen Parameter stattfindet. Das ist im allgemeinen jedoch nicht der Fall, es ist vielmehr ein Ziel der vorliegenden Arbeit, diese Entladungshomogenität zu erreichen.

Eine lokale, asymmetrische Leistungseinbringung und die daraus in erster Linie entstehende asymmetrische Temperaturverteilung wird durch die Turbulenz der Strömung in ihrem weiteren Verlauf gedämpft. Je höher der Turbulenzgrad der Strömung ist, desto effektiver wird ein Temperaturungleichgewicht ausgeglichen. Turbulenzgrad und effektive Temperaturleitfähigkeit sind folglich eng korreliert.

Eine weitere Möglichkeit, zumindest bei einer integralen Betrachtung über die gesamte Rohrlänge, eine effektive Störungsdämpfung zu erreichen, ist die Einbringung einer azimutalen Strömungskomponente, also eine drallbehaftete Rohrströmung.

Die Beachtung von Turbulenz und Drall war im vorangehenden Kapitel nicht von Nöten. Die Turbulenz wurde implizit durch die Zugrundelegung der turbulenten Rohrströmungsgleichung beachtet, ein eventuell vorhandener Gasdrall hätte die achsensymmetrische Temperaturverteilung ohnehin nicht ändern können. Letztgenanntes gilt strenggenommen nur bis zu gewissen Drallstärken (siehe Kapitel 6.2.2).

Im folgenden werden zunächst physikalische Grundlagen und daraus resultierende Meßverfahren für die Temperaturleitfähigkeit und Drallzahl vorgestellt, die darauf basieren, daß interferometrischen Meßergebnissen theoretische Beschreibungen zugeordnet werden, die nur noch von der gesuchten Größe abhängen. Die theoretisch und experimentell gewonnenen Erkenntnisse münden dann in eine Einströmgestaltung für schnell längsgeströmte Laser.

## 6.1 Bestimmung der Temperaturleitfähigkeit einer turbulenten Rohrströmung

Die Temperaturleitfähigkeit eines Stoffes ist eine Funktion von Stoffwerten und daher ebenfalls ein Stoffwert:

$$a_T(T, \rho) = \frac{\lambda_W(T)}{\rho c_p(T)} . \tag{6.1}$$

Diese Definition ist immer dann maßgebend, wenn es sich entweder um einen Festkörper oder um einen allenfalls laminar fließenden Stoff handelt. Bei einem turbulent fließendem Fluid wird die effektive Temperaturleitfähigkeit jedoch durch die turbulenten Querbewegungen und

Mischvorgänge deutlich erhöht. Es stellt sich eine *durch Turbulenz erhöhte, effektive Temperaturleitfähigkeit* ein:

$$a_{T,t} = \beta a_T , \tag{6.2}$$

$\beta$ ist dabei der Faktor, um den die effektive Temperaturleitfähigkeit den reinen Stoffwert übersteigt. In der Literatur werden für diesen Faktor Werte von $5 \leq \beta \leq 15$ (siehe [33], [34]) bis $\beta > 100$ (siehe [18], [35], [36]) angegeben. Der Wertebereich ist deshalb so groß, weil hier nicht nur eine Abhängigkeit von der (verallgemeinernden) *Reynolds*-Zahl vorliegt, sondern gleichfalls eine direkte Abhängigkeit von der Gestaltung der Rohreinströmung, also vom erreichten Turbulenzgrad besteht. Es ist also sinnvoll, ein Meßverfahren zu entwickeln, mit dem für eine konkrete Rohreinströmung und bei den relevanten *Reynolds*-Zahlen der Faktor $\beta$ bestimmt werden kann.

### 6.1.1 Theoretische Modellierung

Wie noch gezeigt wird, kann die theoretische Problemstellung zunächst auf die Betrachtung eines homogenen und isotropen sowie allseits unendlich ausgedehnten Körpers reduziert werden. Dieser weist zu einer Zeit $t = 0$ eine bestimmte Anfangstemperaturverteilung $T(x, 0)$ auf, die nur von der Ortskoordinate $x$ abhängt. Die Flächen gleicher Temperatur sind somit Ebenen parallel zur $y,z$-Ebene. Es ist nun zu untersuchen, wie sich diese Anfangstemperaturverteilung mit der Zeit ändert. Die das Problem beschreibende Gleichung ist die quellenfreie, jedoch zeitabhängige Form der *Fourier*'schen Differentialgleichung der Wärmeleitung (siehe auch Gleichung 2.3) in kartesischen Koordinaten [2]:

$$\frac{dT}{dt} = a_T \frac{d^2T}{dx^2} . \tag{6.3}$$

Eine allgemeine Lösung des Problems [2] kann durch ein Verfahren der mathematischen Physik erfolgen, das als *Methode der Quellpunkte* bezeichnet wird und zu folgendem Ausdruck führt:

$$T(x, t) = \frac{1}{\sqrt{4\pi a_T t}} \int_{-\infty}^{\infty} T(x', 0)\, e^{-\frac{(x'-x)^2}{4a_T t}}\, dx' . \tag{6.4}$$

Die normierte Anfangstemperaturverteilung wird (zunächst willkürlich) zu

$$T(x', 0) = C_1 e^{-\left(\frac{x'}{C_2}\right)^2} \tag{6.5}$$

gewählt, wobei $C_1 = 1\,\mathrm{K}$ gesetzt wird und $C_2$ eine Längenkonstante ist. Gleichung 6.4 vereinfacht sich damit zu

$$T(x,t) = \frac{C_1 C_2 e^{-\frac{x^2}{C_2^2 + 4a_{T,t}\,t}}}{\sqrt{C_2^2 + 4a_{T,t}\,t}}. \tag{6.6}$$

Zur Illustration des Temperaturleitvorgangs ist in Abbildung 6.1 die Temperaturverteilung zu den beispielhaften Zeitpunkten $t = 0, t_1, 2t_1, 3t_1$ skizziert.

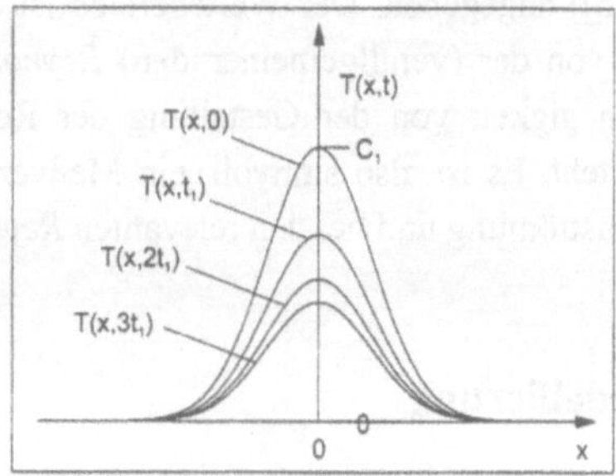


Abb. 6.1: Angenommene Anfangstemperaturverteilung $T(x, 0)$ sowie weitere Verteilungen zu drei nachfolgenden Zeitpunkten in einem allseitig unendlich ausgedehnten Körper.

Diese modellhafte Beschreibung wird nun von einem allseits unendlich ausgedehnten Festkörper auf eine Scheibe der Dicke $\delta z$ übertragen (Abbildung 6.2). Wenn die Wärmeleitung über die Scheibengrenzen hinweg vernachlässigt wird und der Scheibendurchmesser groß gegen die charakteristische Größe des Temperaturfeldes in $x$-Richtung, die Konstante $C_2$, ist, gilt wieder der oben angenommene zeitliche Temperaturverlauf.

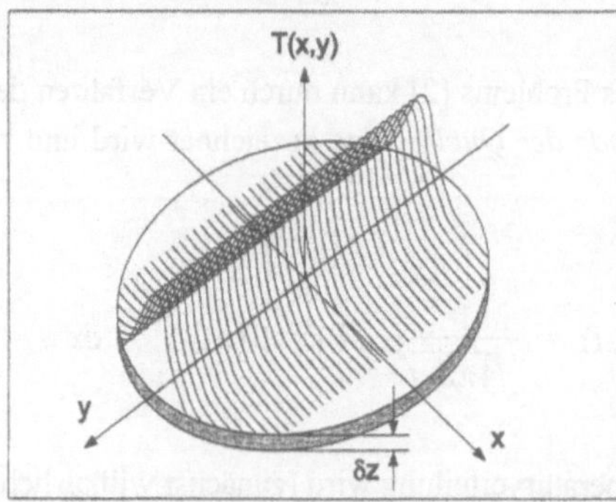


Abb. 6.2: Temperaturverteilung $T(x, y)$ zu einem bestimmten Zeitpunkt in einer Scheibe.

Man stelle sich nun vor, daß an einer Position $z = 0$ ein Rohr seinen Anfang hat und direkt aufeinanderfolgend die Festkörperscheiben eingeführt werden, die am Rohrende, bei $z = 3z_1$, das Rohr wieder verlassen. Die Scheiben der Dicke $\delta z$ bewegen sich im Rohr mit der konstanten Geschwindigkeit $v = z_I/t_I$. Eine Illustration dieses Vorgangs ist in Abbildung 6.3 dargestellt.

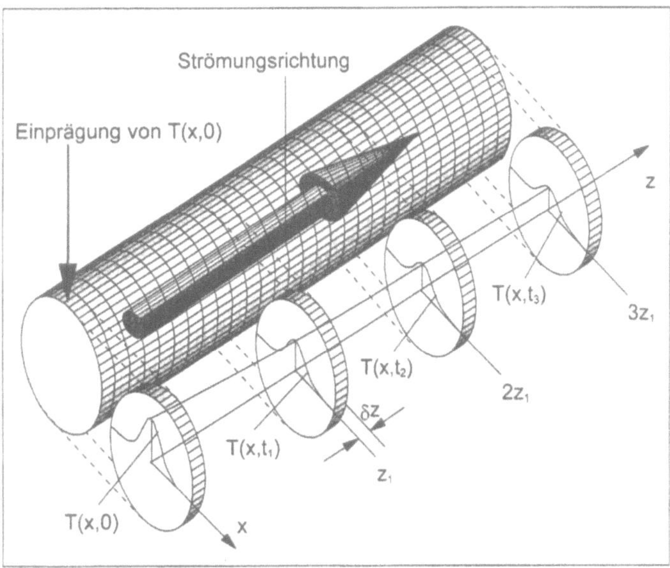


Abb. 6.3: Bildliche Darstellung der Strömungsmodellierung.

Am Rohranfang bei $z = 0$ wird die Anfangstemperaturverteilung nach Gleichung 6.5 in die jeweils eintretende Scheibe eingebracht. Wenn benachbarte Scheiben betrachtet werden, kann nachgewiesen werden, daß

$$\left|\frac{dT}{dx}\right| \gg \left|\frac{dT}{dz}\right| \tag{6.7}$$

gilt. Dies liegt daran, daß Temperaturverläufe benachbarter Scheiben ähnlich sind. Die Wärmeleitung zwischen den Scheiben kann also vernachlässigt werden[1]. Das Modell der Scheibenströmung geht für $\delta z \to 0$ schließlich in ein Fluidmodell über.

Die zum Zeitpunkt $t = 0$ in das Rohr eintretende Scheibe wird dann zum Zeitpunkt $t = t_I$ an der Position $z = z_I$ angelangt sein und die in Abbildung 6.1 dargestellte Temperaturverteilung $T(x, t_I)$ aufweisen. In Abbildung 6.3 sind explizit die Scheiben an den $z$-Positionen $0, z_I, 2z_1, 3z_I$ mit den zugehörigen Temperaturverteilungen gemäß Abbildung 6.1 aus der Rohrströmung in x-Richtung hervorgehoben dargestellt.

Wenn es also gelingt, ein Temperaturprofil nach Gleichung 6.5 in eine Rohrströmung an einer definierten Position $z = 0$ einzubringen, kann die sich ergebende und in $z$-Richtung bis zu einer Rohrlänge von $L$ gemittelte Temperaturverteilung, bei der nun die durch Turbulenz

1. Diese Vernachlässigung ist hier nicht wichtig, weil durch die interferometrische Meßtechnik ohnehin ein Ausmitteln in $z$-Richtung erfolgt.

erhöhte Temperaturleitfähigkeit zu berücksichtigen ist, ausgehend von Gleichung 6.6 wie folgt dargestellt werden:

$$\overline{T(x)} = \frac{C_1 C_2}{L}\int_0^L \frac{e^{-\frac{x^2}{C_2^2 + 4a_{T,t}\frac{z}{v}}}}{\sqrt{C_2^2 + 4a_{T,t}\frac{z}{v}}}dz\,. \qquad (6.8)$$

### 6.1.2 Experimentelle Umsetzung

Die Gleichung 6.8 eignet sich grundsätzlich für eine meßtechnische Ermittlung der Temperaturleitfähigkeit. Das hierzu vom Autor entwickelte Meßverfahren wird im folgenden erläutert.

An der Gasentladungsstrecke, die mit der interessierenden Rohreinströmkonfiguration versehen ist, muß ein möglichst kurzes, flaches Elektrodenpaar angebracht werden. Von dieser Anordnung wird eine inhomogene Glimmentladung produziert, die bei einer geringen Leistungssteigerung unmittelbar in eine Bogenentladung übergehen würde. Damit kann eine Anfangstemperaturverteilung nach Gleichung 6.5 erzielt werden. In Abbildung 6.4, links, ist eine solche Entladungsanordnung im Querschnitt dargestellt.

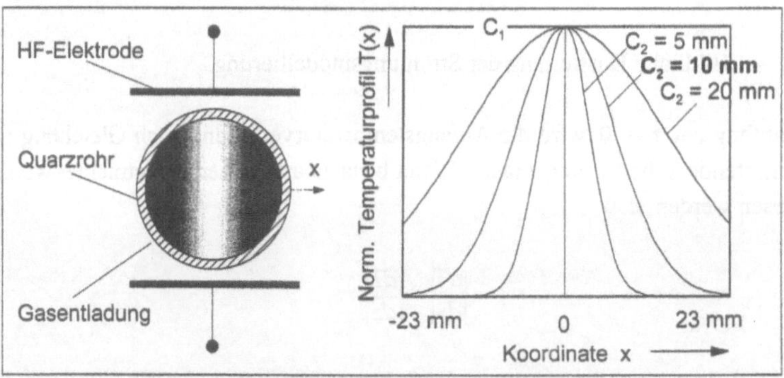


Abb. 6.4: Leuchtverteilung im Querschnitt der Gasentladung und zugeordnete Konstante $C_2 = 10$ mm der Anfangstemperaturverteilung.

Die thermodynamischen Parameter der Gasströmung und die eingekoppelte elektrische Leistung müssen so gewählt werden, daß die Gasströmung nach Passieren der Gasentladung die gewünschte *Reynolds*-Zahl aufweist[1].

Die produzierte Leuchtdichteverteilung ist gut korrelierbar mit der Temperaturverteilung in der Gasströmung [37], so daß die zweite Konstante der Anfangstemperaturverteilung (Gleichung 6.5) nach Abbildung 6.4 zunächst zu $C_2 = 10$ mm gewählt werden kann.

1. Die untersuchte Anordnung weist folgende Parameter auf: Geometrische Daten siehe Abbildung 3.5; Standardgasgemisch: $v_{vor} = 196$ m/s ; $p_{vor} = 136$ hPa ; $\rho_{vor} = 50$ g/m$^3$ ; $P_V = 3500$ W ; $L_{EL} = 10$ cm ; $\dot{m} = 16.6$ g/s ; $Re_{nach} = 23000$ ; $v_{nach} = 261$ m/s ; $\rho_{nach} = 38$ g/m$^3$.

Wenn zu den bekannten geometrischen Abmessungen und den nach Kapitel 3 berechenbaren thermodynamischen Parametern der Strömung nach dem Ort der Leistungseinbringung auch noch $C_2$ bekannt ist, kann die Temperaturleitfähigkeit durch eine interferometrische Meßreihe bestimmt werden. Dabei muß lediglich die Position der Entladungsstrecke am Entladungsrohr variiert werden. Das Meßverfahren basiert also auf der Proportionalität von Temperaturprofil und Verteilung der optischen Weglängendifferenz $\Delta T \sim \Delta L$ nach Gleichung 4.7.

In Abbildung 6.5 sind zwei beispielhafte Entladungskonfigurationen skizziert. Wenn die kurzen Flachelektroden in Strömungsrichtung hinten angebracht sind, wird die eingebrachte inhomogene Temperaturerhöhung nur auf einer kleinen Abströmlänge wirksam. Die in Strömungsrichtung integral meßbare Phasendeformation ist deshalb nur geringfügig verschieden von dem Profil der reinen, entladungsfreien Rohrströmung (siehe Kapitel 5). Bei großer Abströmlänge ist die eingebrachte inhomogene Temperaturerhöhung länger wirksam und die zugehörige Phasendeformation zeigt mittig eine stärkere Aufwölbung.

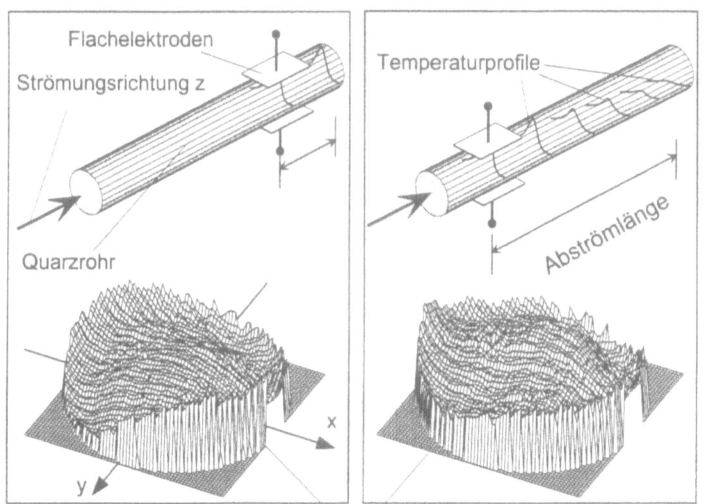


Abb. 6.5: Skizzierte Entladungsanordnungen und interferometrisch gemessene Phasendeformationen bei kleiner (33 cm) und großer (88 cm) Abströmlänge.

Wegen der Überlagerung der Meßbilder durch die Temperaturerhöhung im äußeren Bereich wird die Auswertung auf den mittleren Meßbereich bei $x = 0$ beschränkt. Diese von der Abströmlänge abhängigen mittigen Phasendeformationen werden dann mit gerechneten mittigen Temperaturerhöhungen bei $x = 0$ verglichen (Abbildung 6.6). Die auf Gleichung 6.8 basierenden Modellrechnungen sind wegen des fehlenden resonatorinternen Strahlungsfeldes gemäß den Ergebnissen aus Kapitel 3.3.3 erweitert, und der Exponentialterm von Gleichung 6.8 entfällt wegen der Beschränkung auf $x = 0$:

$$\overline{T(L)} = \frac{C_1 C_2}{L}\int_0^L \frac{1-0.6e^{-\frac{z}{\tau_{spon}v}}}{\sqrt{C_2^2 + 4a_{T,t}\frac{z}{v}}}dz \ . \tag{6.9}$$

Die Zeitkonstante für spontane Relaxation beträgt dabei $\tau_{spon} = 700\mu s$ und $C_1 = 1K$; $\beta$ ist also der einzig verbleibende Parameter der Modellrechnungen nach Gleichung 6.2.

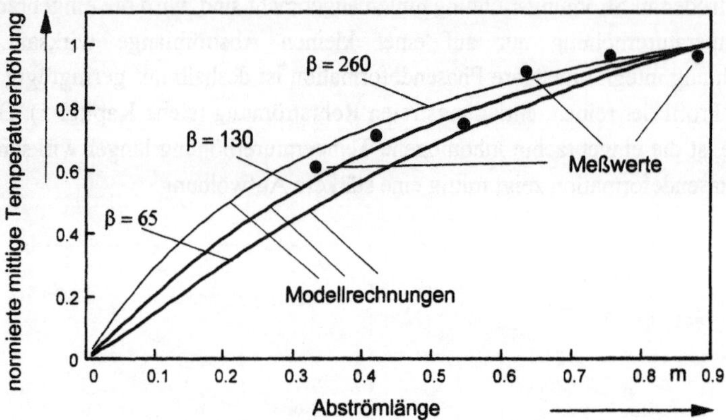


Abb. 6.6: Interferometrisch ermittelte mittige Temperaturerhöhungen und zugehörige Modellrechnungen in Abhängigkeit von der Abströmlänge. Parameter: $\beta$.

Ein geeigneter Faktor zur modellmäßigen Beschreibung ist mit $\beta = 130$ gefunden, wobei der Unsicherheitsbereich jedoch zunächst zu $\pm 50\,\%$ abgeschätzt werden kann. Die Genauigkeit der Messung des $\beta$-Faktors zusammen mit der Bestimmung der Konstanten $C_2$ kann jedoch durch Vergleiche der gemessenen Phasendeformationen mit gerechneten Temperaturprofilen bei verschiedenen Abströmlängen erhöht werden (siehe Abbildung 6.7).

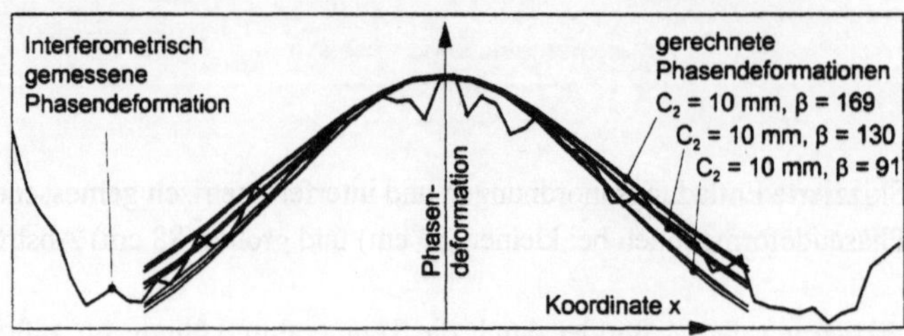


Abb. 6.7: Vergleich von Phasendeformationsprofilen aus Messung und Rechnung bei einer beispielhaften Abströmlänge von 88 cm.

Der Faktor, um den die effektive Temperaturleitfähigkeit den reinen Stoffwert übersteigt, kann schließlich mit

$$\beta = 130 \pm 30\,\% \tag{6.10}$$

angegeben werden.

Das vorgestellte Meßverfahren ist in dem für schnell längsgeströmte $CO_2$-Laser relevanten Drallzahlbereich (siehe Kapitel 6.2.2) unabhängig von der Drallzahl der Strömung, weil die Betrachtung sich auf die Rohrmitte bei $x = 0$ beschränkt.

## 6.2 Bestimmung der Drallzahl einer Rohrströmung

Rohrströmungen, bei denen der Axialgeschwindigkeit eine Rotationsbewegung überlagert ist, werden bereits seit langer Zeit zur Stabilisierung von Gasentladungen eingesetzt, beispielsweise in Flammenbogenöfen [38] oder in gleichstromangeregten $CO_2$-Lasern [39].

Weil die Charakterisierung des Drallverhaltens einer Rohrströmung nicht in einfacher Weise möglich ist, werden im folgenden zunächst die grundsätzlichen physikalischen Vorgänge, beschränkt auf die für Gaslaser relevanten Größenordnungen, vorgestellt.

### 6.2.1 Physikalische Beschreibung von Drallströmungen in Rohren

Die kennzeichnende Größe einer Drallströmung ist die Drallzahl, die als dimensionsloser Drehimpulsstrom den allgemeinen physikalischen Sachverhalt für den inkompressiblen Fall beschreibt und als Verhältnis von azimutalem zu axialem Drehimpulsstrom definiert ist [16], [40]:

$$S_t = \frac{2\pi\rho\int_0^R v(r)\, w(r)\, r^2 \mathrm{d}r}{2\pi\rho R\int_0^R v^2(r)\, r \mathrm{d}r}, \tag{6.11}$$

$w(r)$ ist dabei die azimutale Geschwindigkeitskomponente quer zur axialen Strömungsrichtung.

In Abbildung 6.8 sind für jeweils drei verschiedene Drallzahlen $S_t$ gemessene azimutale und axiale Geschwindigkeitsprofile dargestellt. Die experimentellen Daten sind [40] entnommen.

Das *azimutale* Geschwindigkeitsprofil kann in drei Bereiche unterteilt werden:

**Kernbereich.** Der Kernbereich erstreckt sich von $r = 0$ bis zum Ort der maximalen azimutalen Geschwindigkeit. Die Geschwindigkeitsverteilung in diesem Wirbelkern entspricht der einer Festkörperdrehung und es gilt:

$$w(r) \sim r\,. \tag{6.12}$$

**Zwischenbereich.** Der Zwischenbereich reicht vom Ort maximaler azimutaler Geschwindigkeit bis dicht an die Rohrwandung bei $r \approx (49/50)R$. Hier herrscht eine Überlagerung von Wirbelkern und Potentialwirbel bei dem gilt:

$$w(r) \sim 1/r\,. \tag{6.13}$$

**Wandbereich.** In diesem sehr kleinen äußersten Bereich bewirkt die Schubspannungsverteilung steile Geschwindigkeitsgradienten.

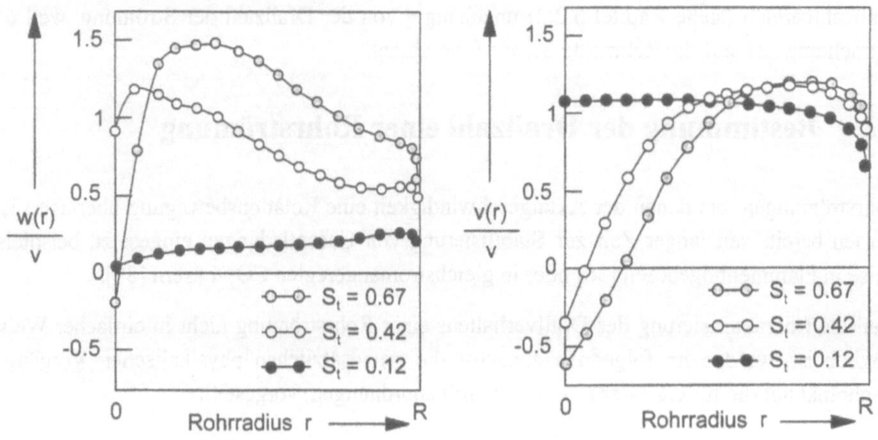


Abb. 6.8: Azimutales und axiales Geschwindigkeitsprofil einer Rohrströmung normiert auf die mittlere axiale Geschwindigkeit bei $Re = 40000$. Daten aus [40].

Die Ausdehnungen der azimutalen Geschwindigkeitsbereiche ändern sich bei fallender Drallzahl drastisch: Zunächst wird das Kerngebiet kleiner, weil der Ort der maximalen azimutalen Geschwindigkeit näher zur Achse wandert. Ab $|S_t| < 0.3$ verschwindet dann die Grenze zwischen Kern- und Zwischengebiet, ab $|S_t| < 0.25$ ist der Zwischenbereich schließlich nicht mehr vorhanden und der Wirbelkern dominiert. In diesem Fall befindet sich das Maximum der azimutalen Geschwindigkeit im äußeren Strömungsbereich und die folgende, vereinfachte Definition der Drallzahl $S_p$ als Verhältnis von maximaler azimutaler zu mittlerer axialer Geschwindigkeit kann angesetzt werden [41]:

$$S_p = \frac{w_{max}}{v}. \tag{6.14}$$

Für den Bereich der Wirbelkernströmung, in dem $|S_t| < 0.25$ gilt, kann aus den experimentellen Daten von [40] der lineare Zusammenhang

$$S_p \approx 2.5 S_t \tag{6.15}$$

gewonnen werden. Der Definitionsbereich von $S_p$ beträgt also $|S_p| \leq 0.63$.

Das *axiale* Geschwindigkeitsprofil (Abbildung 6.8, rechts) weist bei steigenden Drallzahlen ab $|S_t| > 0.25$ die folgenden Besonderheiten auf: Die höchsten Geschwindigkeiten treten im Zwischenbereich, die niedersten im Kernbereich auf. Bei weiter steigender Drallzahl setzt im Kernbereich Rückströmung ein.

Die zugehörigen Profile des statischen Drucks sind in erster Linie eine Folge der Zentrifugalkräfte und können daher aus dem azimutalen Geschwindigkeitsprofil heraus angenähert werden [16]:

$$\frac{dp}{dr} = \frac{\rho w^2}{r} . \tag{6.16}$$

Der statische Druck sinkt also mit steigendem Drall zur Achse hin ab. Das hier nicht dargestellte radiale Geschwindigkeitsprofil ist natürlich auch vorhanden, die Beträge liegen jedoch im Promillebereich der axialen Geschwindigkeiten.

Aus den genannten Beobachtungen heraus unterscheidet man bei Rohrströmungen starken von schwachem Drall:

**Starker Drall.** $|S_t| > 0.3$

Die azimutalen und axialen Geschwindigkeitsprofile sowie die Profile des statischen Drucks weisen starke radiale Abhängigkeiten auf. Das azimutale Geschwindigkeitsprofil ist dreigeteilt mit Beiträgen von Potentialwirbeln. Im Kernbereich treten Rückströmungen auf.

**Schwacher Drall.** $|S_t| < 0.25$, $|S_p| < 0.6$

Das azimutale Geschwindigkeitsprofil wird von einer Wirbelkernströmung dominiert und die Profile der axialen Geschwindigkeit und des statischen Gasdrucks zeigen sich vom Drall nahezu nicht beeinflußt.

### 6.2.2 Beurteilung von Drallströmungen für schnellgeströmte Gaslaser

Rohrströmungen mit schwachem Drall bewirken Mischungsvorgänge im Gas, die im Vergleich zu den durch Turbulenz erzeugten Turbulenzballen größere Mischungsweglängen aufweisen. Wird also einer turbulenten Strömung noch ein geeigneter schwacher Drall überlagert, können die Auswirkungen einer eventuell vorhandenen inhomogenen Leistungseinkopplung in einer Gasentladung noch effizienter homogenisiert werden (siehe Kapitel 8). Ebenso wächst die Entladungsstabilität an (siehe Kapitel 9).

Ein starker Drall hingegen führt dazu, daß im Rohrquerschnitt Inhomogenitäten entstehen. So kann sich rohrmittig ein Gebiet herausbilden, in dem geringe Gasdrücke und geringe Gasgeschwindigkeiten bis hin zu Rückströmungen vorherrschen. Weiterhin wird das vorliegende ternäre Gasgemisch mit den deutlich unterschiedlichen Molmassen durch die Rotationsbewegung analog dem Prinzip der Gaszentrifugentechnik [42] entmischt. Die lokale Gasmischung hängt dann vom Rohrradius ab. Einfache Abschätzungen zeigen, daß, bezogen auf das Verhältnis $CO_2$:He, bei schwachem Drall $S_t \approx 0.1$ mit einer maximalen Verhältnisvariation von unter 1 % zu rechnen ist, bei starkem Drall $S_t \approx 0.4$ jedoch bereits Verhältnisvariationen um 10 % erreicht werden können. Eine weitere negative Auswirkung von zu starkem Drall ist der erhöhte Druckverlust der Rohrströmung durch die höheren Scherspannungen [16].

Ein nennenswerter Vorteil beim Einsatz einer Drallströmung in schnell geströmten Gaslasern ist, daß Strömungsdiffusoren, wie sie üblicherweise am Ende der Entladungsstrecke zur Druckrückgewinnung eingesetzt werden, kürzer, also mit größerem Aufweitungswinkel gestaltet werden können. Der Diffusoraufweitungswinkel darf nämlich nur so groß werden, daß keine Strömungsablösung mit den damit verbundenen Nachteilen wie hohe Druckverluste und instationären Strömungsbewegungen stattfinden. Ohne Drall kann dieser Winkel (Vollwinkel) nach [9] zu

$$\alpha_{Diff} = \frac{150}{\sqrt[4]{Re}} \approx 10° \tag{6.17}$$

abgeschätzt werden, bei $S_t \approx 0.25$ konnte hingegen ein ablösungsfreier Diffusor mit $\alpha_{Diff} = 20°$ realisiert werden [41].

Insgesamt kann festgehalten werden, daß der Einsatz einer schwachen Drallströmung in Gaslasern von Vorteil ist. Ein starker Drall sollte jedoch vermieden werden, weil dann die Nachteile klar überwiegen. Der anzustrebende Drallzahlbereich beträgt also

$$0.15 \leq |S_t| \leq 0.25\text{, oder auch } 0.4 \leq |S_p| \leq 0.6\ . \tag{6.18}$$

## 6.2.3 Möglichkeiten der Drallerzeugung

Bei den typischen kurzen Entladungsrohren schnellgeströmter Gaslaser treten im allgemeinen Drallströmungen auf. Diese eher zufälligen Drallströmungen werden durch mehrere dicht aufeinanderfolgende Strömungsumlenkungen verursacht. In Abbildung 6.9 ist ein solcher zumeist unbeabsichtigt verwendeter „Drallerzeuger" dargestellt. Die sich einstellenden Strömungsvorgänge sind skizziert.

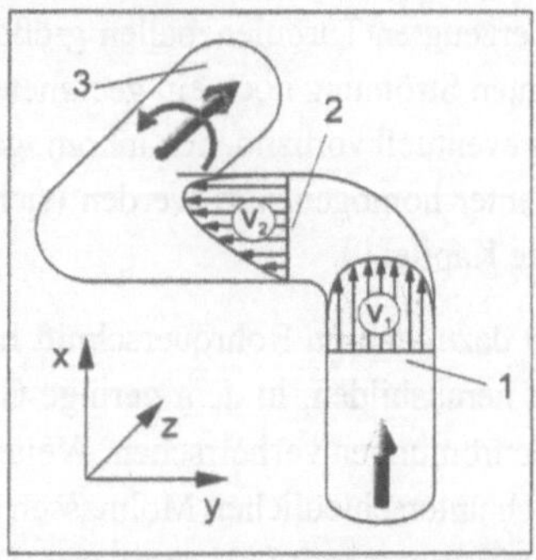


Abb. 6.9: Typische unbeabsichtigte Drallerzeugung bei Gaslasern durch zweifache Umlenkung im Raum.

Im gezeigten Beispiel bildet sich in Entladungsrohr (Nr. 3) eine Drallströmung in mathematisch positiver Orientierung aus. Durch die nicht-rotationssymmetrische Drallerzeugung werden im Einlaufbereich oftmals Rückströmungsgebiete erzeugt, die erst im Verlauf der

Rohrströmung abgebaut werden. Zudem kann nicht vom gewünschten schwachen Drall ausgegangen werden.

Eine für schnell längsgeströmte Gaslaser eher geeignete Drallerzeugung muß der Strömung für die Vermeidung von Rückströmgebieten und den Aufbau einer Wirbelkernströmung ein hohes Maß an Rotationssymmetrie aufprägen. Ein Großteil der in diesem Sinne in der Fluidmechanik verwendeten Drallerzeuger muß jedoch für den Einsatz in Laserstrahlquellen ausscheiden:

- ein rotierendes Rohrsegment wegen der entstehenden Dichtungsproblematik,
- ein in einem Querschnitt rotierendes Gitter wegen der Behinderung der Laserstrahlung.

Der Einsatz von Blechen oder Schaufeln zur Drallerzeugung [43] ist eine der noch möglichen Techniken.

Im Rahmen dieser Arbeit ist die in Abbildung 6.10 skizzierte Gasleitvorrichtung entstanden. Im Bild sind aus Darstellungsgründen nur die eingesetzten Gasleitbleche und der Laserstrahl eingezeichnet. Auf die äußeren Strömungsführungen Krümmer, Düse sowie das Quarzrohr wurde hier verzichtet.

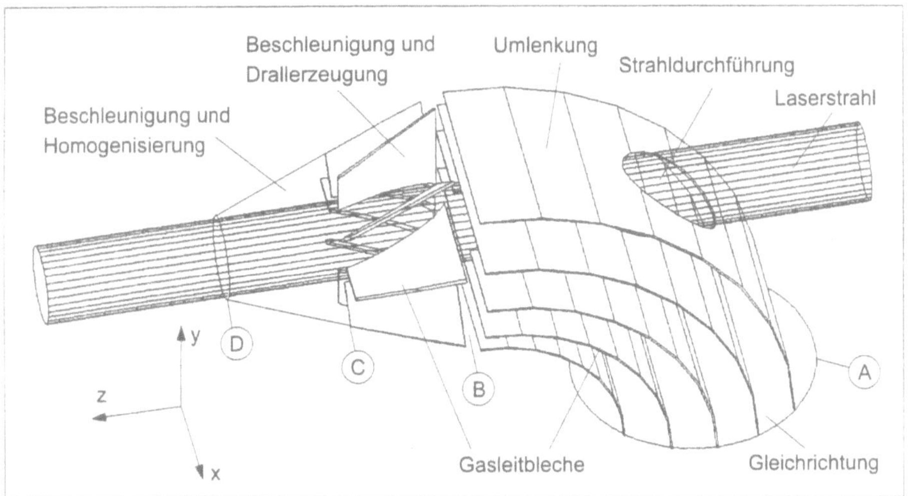


Abb. 6.10: Optimierte Gasleitvorrichtung für schnellgeströmte Gaslaser. Krümmerbereich von A bis B; Düsenbereich von B bis D. Weitere Erklärung im Text.

Die Strömung trete mit relativ langsamer Gasgeschwindigkeit ($v \approx 15$ m/s) in den mit $A$ gekennzeichneten Querschnitt ein. Sie ist dorthin beispielsweise in einem Rohr in $y$-Richtung geführt worden. Die Strömung wird dann in einem Krümmer (nicht eingezeichnet), in dem mindestens 5 Gasleitbleche (eingezeichnet) befestigt sind, bei weiterhin langsamer Geschwindigkeit umgelenkt. Dabei findet zunächst im Eintrittsbereich des Krümmers eine Gleichrichtung der Strömung statt. Das heißt, eine eventuell bis $A$ vorhandene Drallkomponente der Eingangsströmung wird eliminiert.

Hauptaufgabe des Krümmers und der eingesetzten Bleche ist es, eine Umverteilung von Geschwindigkeit (und Druck) durch Fliehkräfte zu verringern und somit bei geringen Druckverlusten am Ort B eine nahezu rotationssymmetrische Strömungsverteilung zu erzeugen. Dies wird durch die Unterteilung des Strömungsquerschnitts in einzelne Strömungskanäle erreicht. In jedem dieser durch die Bleche gebildeten Strömungskanäle bewirken die Fliehkräfte natürlich auch eine Umverteilung. Die Einhüllende der Geschwindigkeitsverteilung am Ausgang entspricht dennoch weitgehend der Einhüllenden am Eingang.

Mehr als die Hälfte der Bleche weist eine Bohrung für die Durchführung der Laserstrahlung[1] auf. Die Bohrungsquerschnittsfäche beträgt jedoch nur 10 % der Querschnittsfläche für die gesamte Strömungsführung. Die oben gegebene Darstellung der Strömungsvorgänge im Krümmer wird dadurch kaum gestört.

Am Eingang der Düse am Ort *B* liegt also eine langsame (ca. 15 m/s) und, bewirkt durch den Krümmer, eine weitgehend rotationssymmetrische und drallfreie Strömung vor. In der Düse wird diese Strömung um einen Faktor 10 beschleunigt, und es wird ihr ein bestimmter Drall aufgeprägt.

Die Dralleinbringung erfolgt durch mindestens 8 schräg stehende flache Leitbleche auf der Länge von B nach C. Von B nach C wird die Strömungsgeschwindigkeit ungefähr verdoppelt. Die Strahldurchführung bedingt, daß die Querschnittsfläche, in der effektiv Drall eingebracht wird, von 90 % der gesamten Fläche bei *B* auf ca. 80 % bei *C* verringert wird.

Am Ort *C* liegt nun eine relativ langsame (ca. 35 m/s), rotationssymmetrische Strömung vor, die lediglich im äußeren Strömungsbereich drallbehaftet ist. Von *C* nach *D* erfolgt die Endbeschleunigung der Strömung (auf ungefähr 160 m/s) und eine Homogenisierung der Drallstärke für die gesamte Strömungsquerschnittsfläche.

Bei *D* geht die Strömung von der Düse in das Quarzrohr über. Zur Vermeidung von Strömungsablösungen im Quarzrohr ist auf eine Rundung des Düsenendbereichs zu achten [10]. Im Eingangsbereich des Quarzrohres bei *D* liegt damit die gewünschte Drallströmung vor. Sie ist bei hoher Geschwindigkeit, bedingt durch die Düsenbeschleunigung[2] von hoher Homogenität und Rotationssymmetrie. Bei den hier gezeigten Größenverhältnissen wird der gewünschte schwache Drall im Entladungsrohr bei einem Anstellwinkel der Drallbleche von 20° erzeugt.

Es bleibt zu erwähnen, daß die vorgestellte Rohreinströmgestaltung, bestehend aus Krümmer und Düse, durch die bewußte Einschränkung auf einfach herstellbare Blechformen (eben und zylinderförmig) kostengünstig und verhältnismäßig einfach herzustellen ist.

Wenn diese Rohreinströmgestaltung an eine andere Entladungsrohrgröße[3] angepaßt werden soll, ist nach Erfahrung des Autors für den Erhalt der Funktion eine rein geometrische Skalierung, also unter Beibehaltung der Leitblechanzahl und aller Größenverhältnisse, eher empfehlenswert, als eine Änderung der Geschwindigkeitsverhältnisse oder der Anzahl und Größe der Leitbleche zum Zweck einer konstanten *Reynolds*-Zahl im Zwischenblechbereich.

---

1. Die relativ langen Leitbleche dienen auch zum Schutz der strahlführenden Optiken (nicht eingezeichnet). Deshalb ist von einem Verkürzen der Bleche mit dem Ziel einer weiteren Verminderung des Druckverlustes abzuraten.
2. siehe hierzu auch Kapitel 3.3.1 bzw. [8].
3. Dies wird im allgemeinen ein kleineres Entladungsrohr sein.

### 6.2.4 Theoretische Modellierung der Drallströmung

Die theoretische Modellvorstellung geht davon aus, daß in einem Rohrstück von Beginn an eine schwache Drallströmung nach dem Wirbelkernmodell besteht, es gilt also $w(r) \sim r$.

Durch Reibung fällt die Drallzahl im Strömungsverlauf exponentiell ab. Der in [16] auf der Basis einer Literaturrecherche gefundene empirische Zusammenhang kann wie folgt angegeben werden:

$$S_p(z) = S_{p,0} e^{-b\frac{z}{2R}} , \tag{6.19}$$

$S_{p,0}$ ist die Drallzahl im Rohreintrittsbereich, der Abklingparameter $b$ ist eine Funktion der *Reynolds*-Zahl und kann Abbildung 6.11 entnommen werden.

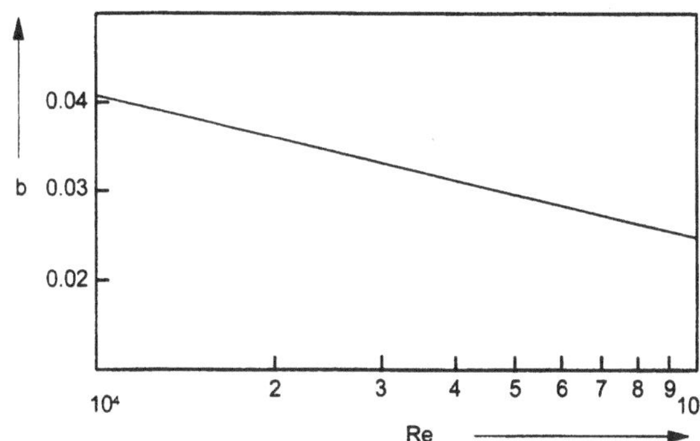


Abb. 6.11: Drallabklingparameter bei turbulenten Rohrströmungen. Daten nach [16].

Zwischen der Winkelgeschwindigkeit des Wirbelkerns und der Drallzahl besteht der lineare Zusammenhang:

$$\omega = S_p \frac{v_I}{R} , \tag{6.20}$$

$v_I$ ist die zugehörige mittlere, axiale Strömungsgeschwindigkeit in der Rohreintrittsregion.

Betrachtet wird nun ein Rohrstück, an dessen Beginn, bei $z = 0$, eine Drallzahl $S_{p,0}$ herrscht. Am Ort $z_0 \geq 0$ ist die Winkelgeschwindigkeit dann auf

$$\omega(z_0) = S_{p,0} \frac{v_I}{R} e^{-b\frac{z_0}{2R}} \tag{6.21}$$

abgefallen. Wird nun an diesem Ort $z_0$ eine geeignete, inhomogene Anfangstemperaturverteilung in die Gasströmung eingebracht, so erfolgt im weiteren Strömungsverlauf durch die Rotationsbewegung eine Verdrehung dieser Temperaturverteilung. An einem Ort $z' \geq z_0$ beträgt dieser Verdrehwinkel

$$\Omega(z') = \frac{1}{v_2} \frac{180°}{\pi} \int_{z_0}^{z'} \omega(z)\, \mathrm{d}z \,, \tag{6.22}$$

$v_2 > v_1$ berücksichtigt dabei die durch die Temperatureinprägung erhöhte axiale Strömungsgeschwindigkeit.

Der mit interferometrischer Meßtechnik zugängliche, in $z$-Richtung bis zu einer Rohrlänge $L$ integrierte mittlere Drehwinkel ist natürlich noch durch die herrschende Temperaturleitfähigkeit geprägt. Dies kann durch einen Gewichtungsfaktor berücksichtigt werden, der auf Gleichung 6.6 basiert, wobei in guter Näherung $x = 0$ gesetzt werden kann:

$$G_{temp}(z) = \frac{C_1 C_2}{\sqrt{C_2^2 + 4 a_{T,t} \frac{z - z_0}{v_2}}} \,, \text{ für } z \geq z_0 \,. \tag{6.23}$$

Der mittlere Drehwinkel ergibt sich dann zu:

$$\overline{\Omega(z_0, L)} = \frac{1}{L - z_0} \int_{z_0}^{L} \Omega(z)\, G_{temp}(z)\, \mathrm{d}z \,. \tag{6.24}$$

### 6.2.5 Experimentelle Umsetzung

Für die meßtechnische Ermittlung der Drallzahl am Rohreintritt $S_{p,0}$ kann das im folgenden erläuterte Meßverfahren eingesetzt werden. Es gleicht größtenteils dem Meßverfahren zur Bestimmung der turbulenten Temperaturleitfähigkeit und wurde ebenfalls vom Autor entwikkelt.

An der interessierenden Gasentladungsstrecke muß zunächst gemäß der in Kapitel 6.1.2 vorgeschlagenen Vorgehensweise die turbulente Temperaturleitfähigkeit des Fluids gemessen werden und somit zu $C_1 = 1\mathrm{K}$ auch die Konstante $C_2$ bekannt sein. Daraufhin können dann die gemessenen Phasendeformationen in Abhängigkeit von der Abströmlänge für die Auswertung der Drallzahl verwendet werden. Die im folgenden beispielhaft vorgestellte konkrete Messung einer Drallzahl wurde an der Konfiguration erarbeitet, an der auch das Meßverfahren für die Temperaturleitfähigkeit vorgestellt wurde. Die Parameter aus Fußnote 1 auf Seite 62 sind gültig.

In Abbildung 6.12 sind zwei beispielhafte Entladungskonfigurationen skizziert. Die Verdrehungsrichtung der Phasenprofile zeigt den Drehsinn der Drallströmung entgegen dem Uhrzeigersinn an. Die drallbedingte Drehung des Phasenprofils ist gering, wenn die kurzen Flachelektroden in Strömungsrichtung hinten angebracht sind und steigt mit zunehmender Abströmlänge an.

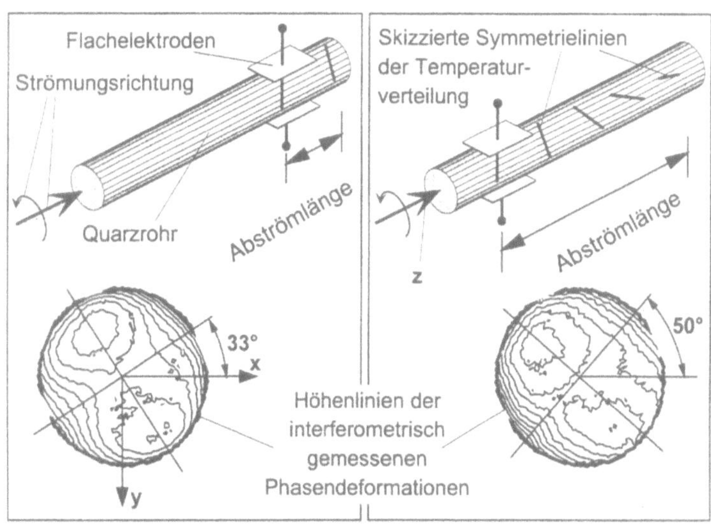


Abb. 6.12: Skizzierte Entladungsanordnungen und interferometrisch gemessene Phasendeformationen bei kleiner (33 cm) und großer (88 cm) Abströmlänge.

Beim Vergleich der gemessenen und der gerechneten mittleren Verdrehwinkel muß wegen dem fehlenden resonatorinternen Strahlungsfeld gemäß den Ergebnissen von Kapitel 3.3.3 und mit der Zeitkonstanten für spontane Relaxation $\tau_{spon} = 700\,\mu s$ die folgende Relation berücksichtigt werden:

$$\overline{\Omega(S_{p,0})} = \frac{1}{L-z_0}\int_{z_0}^{L} \Omega(z)\, G_{temp}(z) \left(1 - 0.6e^{-\frac{z-z_0}{\tau_{spon} v_z}}\right) dz\,. \tag{6.25}$$

Bei bekannter Geometrie und Temperaturleitfähigkeit liegt also nur noch eine Abhängigkeit von der Drallzahl am Rohreingang vor. Durch Variation der Abströmlänge kann schließlich noch die Meßgenauigkeit erhöht werden.

In Abbildung 6.13 ist ein Vergleich von gemessenen und berechneten Verdrehwinkeln dargestellt. Wenn berücksichtigt wird, daß die Temperaturleitfähigkeit mit einer Meßunsicherheit von ±30 % (Gleichung 6.10) behaftet ist, kann die gemessene Drallzahl mit ca.

$$S_{p,0} = 0.55 \pm 35\,\% \tag{6.26}$$

angegeben werden.

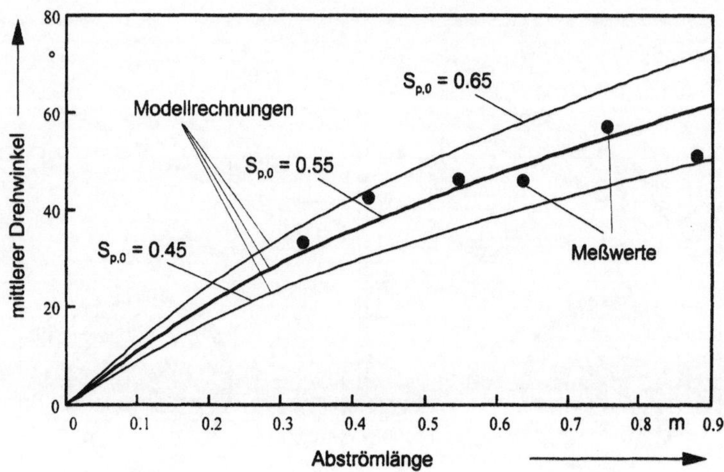


Abb. 6.13: Interferometrisch ermittelte mittlere Drehwinkel und zugehörige Modellrechnungen in Abhängigkeit von der Abströmlänge. Parameter: $S_{p,\,0}$.

## 6.3 Kurzfassung der wichtigsten Ergebnisse

In diesem Kapitel wurden zwei Strömungsphänomene diskutiert, die wichtig werden, wenn eine Gasentladung in einer Strömung betrieben wird: Der Turbulenzgrad einer Strömung, der hier indirekt über die durch Turbulenz erhöhte Temperaturleitfähigkeit ausgedrückt wird und die Drallzahl einer Strömung. Beide Größen hängen direkt von der Gestaltung der Rohreinströmung ab und sind nicht ohne weiteres zwischen zwei unterschiedlichen Lasersystemen übertragbar.

Für die theoretische Beschreibung der Auswirkungen der Temperaturleitfähigkeit wurde ein bekanntes Modell zur Beschreibung von Wärmeleitvorgängen in Festkörpern auf Rohrströmungen übertragen. Basierend darauf wurde ein neuartiges interferometrisches Meßverfahren vorgestellt, mit dem die Temperaturleitfähigkeit eines turbulent strömenden Fluids in einem Rohr bestimmt werden kann.

Während der Turbulenzgrad bzw. die Temperaturleitfähigkeit der Strömung so hoch wie nur möglich sein sollte, gibt es bei der Drallzahl empfehlenswerte Wertebereiche. Zunächst wurde, basierend auf theoretischen Betrachtungen, der Bereich des schwachen Dralls als der für Strömungslaser optimale Bereich klassifiziert. Daraus ergab sich eine *ideale* Drallzahl am Rohreingang im Bereich $0.4 \leq |S_{p,\,0}| \leq 0.6$. Ein neuartiges interferometrisches Meßverfahren zur Bestimmung der Drallzahl wurde vorgestellt.

Die Meßverfahren zeichnen sich durch folgende Charakteristika aus:

- Berührungslose, also nicht in die Strömung eingreifende Messung.

- Hohes Auflösungsvermögen der Drallzahlmessung: Selbst sehr geringe Drallzahlen $|S_{p,0}| \leq 0.05$ sind erfaßbar.

Für den interessierten Anwender, der die Meßaufbauten nicht selbst aufbauen kann, wurde eine konkrete optimierte Rohreinströmgestaltung vorgestellt. Wenn diese geometrisch auf die gewünschte Entladungsrohrgröße skaliert wird, kann mit hoher Sicherheit der optimale Drall bei hoher gleichmäßiger Turbulenz produziert werden.

# 7 Wärmedurchgang bei Gasentladungsrohren

In Kapitel 3.2 wurde bereits vorweggenommen, daß der Wärmeverlust durch radiale Wärmeleitung über die Rohrwandung für die Berechnung der mittleren thermodynamischen Parameter der Strömung vernachlässigt werden kann. Für die Verteilung dieser thermodynamischen Parameter in einem Rohrquerschnitt und für die sich daraus ergebenden Konsequenzen für die optische Qualität der Entladungsstrecke im Einschaltvorgang wie auch im thermodynamischen Gleichgewicht ist eine genaue Kenntnis der Wärmeleitungsvorgänge jedoch unerläßlich.

Für eine hohe optische Qualität einer Entladungsstrecke ist es grundsätzlich empfehlenswert, den Wärmetransport durch die Entladungsrohre so gering wie möglich zu halten. Dieser Wärmetransport ist jedoch unvermeidlich, wenn das durch ultra-violette Lichtaussendung der Gasentladung erzeugte Ozon aktiv abgesaugt wird.

Im folgenden wird zunächst dargelegt, wie alle für die Wärmedurchgangsrechnung notwendigen Parameter mit Hilfe kalorimetrischer und pyrometrischer Meßmethoden erfaßt werden können. Nach erfolgter Wärmedurchgangsrechnung wird dann, basierend auf den gewonnenen Erkenntnissen, gezeigt, daß die exponentielle Zeitkonstante, mit der sich das Quarzrohr nach Einschalten der Gasentladung erwärmt, auf einfache Weise in guter Näherung berechnet werden kann. Die Bedeutung dieser Zeitkonstanten für die Strahlqualität im Einschaltvorgang wird dargelegt.

Alle experimentell und theoretisch ermittelten Werte wurden an der in Abbildung 3.5 abgebildeten Konfiguration unter jeweils identischen Entladungsbedingungen gewonnen[1].

## 7.1 Kalorimetrische Messung der Verlustwärme

Der untersuchte Gasentladungsversuchsstand ist mit einer Absauganlage ausgerüstet, die das gesundheitsschädigende Ozon vom Bedienpersonal fernhält. In einem Querschnitt am Anfang des Absaugschlauches wurde mit einem Widerstandsthermometer die Temperaturerhöhung und mit einem Hitzdrahtanemometer die Geschwindigkeitsverteilung des abgesaugten Gasstroms ermittelt. Nach der Anwendung geeigneter Mittelungsverfahren (siehe z.B.: [44]) wurde dann aus den Meßwerten und aus den bekannten Stoffwerten für Luft die insgesamt abgeführte Verlustleistung durch Wärmedurchgang zu

$$P_D = \dot{m}_{Luft} c_{p,\,Luft} \Delta T_{Luft} \approx 750 \text{ W} \tag{7.1}$$

bestimmt. Das heißt, ungefähr 3.75 % der eingekoppelten Leistung werden in diesem Fall über die Rohrwandungen hinweg an die Umgebung abgegeben.

---

1. Eingekoppelte Leistung $P_{El} = 20000$ W ; Standardgasgemisch; Gasmassenfluß 17.1 g/s; Eingangsdruck 145 hPa; Kein Strahlungsfeld; Geradlinige, abgehobene Elektroden (siehe Abbildung 8.1); Drallfreie Rohrströmung; Ozon-Absauganlage eingeschaltet.

## 7.2 Pyrometrische Messung der Rohraußentemperatur

Das verwendete Quarzrohr[1] ist für Strahlung im Wellenlängenbereich 200 nm — 3000 nm transparent. Deshalb wurde ein Pyrometer verwendet, das mit dem Meßwellenlängenbereich 4800 nm — 5200 nm die Messung der Temperatur im Bereich 20°C — 800°C gestattet. So ist sichergestellt, daß ausschließlich[2] die Außentemperatur des Quarzrohres gemessen wird. Nach einer erfolgten Kalibrierung des Pyrometers auf den Emissionsgrad des Quarzrohres im relevanten Temperaturbereich wurde dann die Außentemperatur des Entladungsrohres berührungslos und somit auch ohne Beeinträchtigung der hochfrequenten Leistungseinkopplung gemessen. Die Meßpunkte und die daraus näherungsweise abgeleiteten Außentemperaturverläufe sind in Abbildung 7.1 dargestellt.

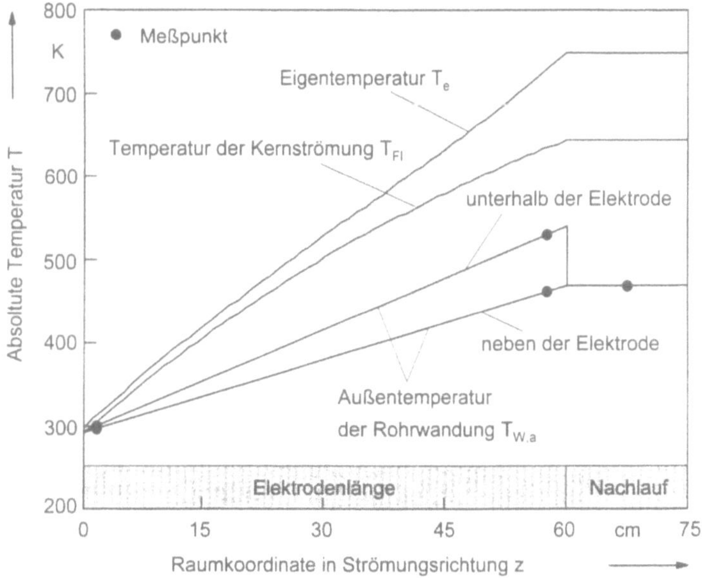


Abb. 7.1: Pyrometrisch gemessene Temperaturverläufe der Außenseite des Quarzrohres sowie berechnete Verläufe (siehe Text Kapitel 7.3) der Temperatur der Kernströmung und der Eigentemperatur im Bereich der Entladung und im Nachlaufbereich.

Wie zu erwarten zeigt es sich, daß die Außentemperatur des Quarzrohres in Gasströmungsrichtung im Bereich vor der Gasentladung zunächst gleich der Temperatur der Umgebungsluft ist. Sie steigt dann im Entladungsbereich mit der Gastemperatur an und verbleibt im sich anschließenden entladungsfreien Nachlaufbereich näherungsweise auf dem dort erreichten Niveau. Der Temperaturanstieg im Bereich der Gasentladung ist allerdings nicht über den Querschnitt

1. HSQ 300 der Firma Heraeus Quarzglas GmbH.
2. Der Absorptionskoeffizient für die Meßstrahlung ist $a = 5020\,m^{-1}$ [45], die Dicke der Rohrwandung beträgt 2 mm.

konstant. In den von den Elektroden überdeckten Bereichen steigt die Temperatur stärker an und erreicht auch einen höheren Maximalwert als in den nicht überdeckten Bereichen. Daraus kann man bereits schließen, daß auch die Temperatur des Gases im äußeren Strömungsbereich nicht konstant über dem Umfang ist, sondern in den elektrodennahen Bereichen höhere Werte erreicht[1].

## 7.3 Wärmedurchgangsrechnung

Mit Gleichung 3.17 kann zunächst der Wärmeübergangskoeffizient $\alpha_a$ zwischen Quarzrohr und Umgebungsluft errechnet werden. Aus den Werten mittlere Rohraußentemperatur $\overline{T_{W,a}} \approx 418\text{K}$ (siehe Abbildung 7.1), Umgebungslufttemperatur $T_U = 294\text{K}$, Verlustleistung durch Wärmedurchgang $P_D \approx 750\text{W}$, Rohraußenradius $R_a = 25\text{mm}$ und betrachtete Rohrlänge $L = 750\text{mm}$ ergibt sich also

$$\alpha_{a,1} = \frac{P_D}{2\pi R_a L(\overline{T_{W,a}} - T_U)} \approx 51\frac{\text{W}}{\text{m}^2\text{K}} . \tag{7.2}$$

Zur Kontrolle dieser Rechnung kann der Wärmeübergangskoeffizient eines quer angeströmten Zylinders nach [2] abgeschätzt werden:

$$Nu = \frac{\alpha_{a,2} 2R_a}{\lambda_{Luft}} \approx C_1(Re)\, Re^{C_2(Re)} . \tag{7.3}$$

Die Werte $C_1$, $C_2$ sind abhängig von der *Reynolds*-Zahl, die hier mit der Anströmgeschwindigkeit gebildet wird. Die Abschätzung ergibt den geringeren Wert $\alpha_{a,2} \approx 25{,}5\text{W}/(\text{m}^2\text{K})$ .

Die mittlere Rohrinnentemperatur $\overline{T_{W,i}}$ kann mit Hilfe der Gleichung

$$P_D = \lambda_{Q,W}\frac{2\pi L}{\ln\frac{R_a}{R}}(\overline{T_{W,i}} - \overline{T_{W,a}}) \tag{7.4}$$

ermittelt werden (siehe z.B.: [46]), die den Wärmestrom durch eine Rohrwandung beschreibt. Mit dem Rohrinnenradius $R = 23\text{mm}$ und der Wärmeleitfähigkeit[2] des verwendeten Quarzrohres $\lambda_{Q,W} = 1.65\ \text{W}/(\text{mK})$ ergibt sich die mittlere Rohrinnentemperatur $\overline{T_{W,i}} \approx 426\text{K}$ .

Der Wärmeübergangskoeffizient $\alpha_i$ zwischen Quarzrohr und Fluid kann schließlich mit dem für hohe Gasgeschwindigkeiten modifizierten Abkühlungsgesetz [2]

$$P_D = 2\pi RL\alpha_{i,1}(\overline{T_e} - \overline{T_{W,i}}) \tag{7.5}$$

1. Diese Erkenntnis wird in Kapitel 8 bestätigt. Siehe beispielsweise Abbildung 8.4
2. Hier wurde eine für den betreffenden Temperaturbereich mittlere Wärmeleitfähigkeit verwendet.

berechnet werden. Die Eigentemperatur $T_e$ ist dabei gemäß den Gleichungen 5.16 und 5.17 definiert und ergibt sich aus dem berechneten Verlauf der Temperatur und der Geschwindigkeit der Kernströmung und unter der Berücksichtigung der temperaturabhängigen spezifischen Wärmekapazität im integralen Mittel zu $\overline{T}_e \approx 571\,\mathrm{K}$ . Die beiden berechneten Temperaturverläufe sind in Abbildung 7.1 dargestellt. Der mittlere Wärmeübergangskoeffizient zwischen Quarzrohr und Fluid beträgt also entsprechend Gleichung 7.5 $\alpha_{i,1} \approx 48\,\mathrm{W/(m^2K)}$ .

Zur Kontrolle kann hier noch eine Näherungsgleichung für Rohrströmungen [2] im Bereich $1000 < Re < 400000$ und $0.1 < Ma < 1$ angesetzt werden, welche die *Stanton*-Zahl mit der *Reynolds*-Zahl verknüpft:

$$St = \frac{Nu}{RePr} = \frac{\alpha_i}{\bar{v}\bar{\rho}\bar{c}_p} \approx 0.033 Re^{-0.23} \tag{7.6}$$

Wenn zudem noch mit $\alpha_{i,2} \approx \alpha_i(1 + 2.8\,(R/L))$ die betrachtete, kurze Rohrlänge berücksichtigt wird [2], ergibt sich näherungsweise der höhere Wert: $\alpha_{i,2} \approx 96\,\mathrm{W/(m^2K)}$ .

Die Wärmedurchgangsrechnung ergibt also annähernd gleiche Wärmedurchgangskoeffizienten für innen und außen $\alpha_{i,1} \approx \alpha_{a,1} \approx \alpha$, während die der Literatur entnommenen Näherungsformeln zu Koeffizienten führen, die zwar davon abweichen, jedoch in ihrem Mittelwert näherungsweise zum selben Ergebnis $(\alpha_{i,2} + \alpha_{a,2})/2 \approx \alpha$ führen.

## 7.4 Bestimmung der Aufwärmzeit eines Quarzrohres

Eine einfache Berechnung von Erwärmungs- oder Abkühlungsvorgängen beliebiger Körper kann im Fall kleiner *Biot*-Zahlen *Bi* [3], [46] angegeben werden. Die *Biot*-Zahl kann für eine dünnwandige Rohrgeometrie, d.h. wenn die Berücksichtigung einer mittleren Fläche *A* erlaubt ist, als Verhältnis von dem Wärmeleitungswiderstand im Rohr zu dem Wärmedurchgangswiderstand an der inneren und äußeren Rohrwandung interpretiert werden. Sie beträgt für den hier zu behandelnden Fall:

$$Bi = \frac{\dfrac{R_a - R}{\lambda_{Q,W} A}}{\dfrac{1}{\alpha A}} = \frac{\alpha\,(R_a - R)}{\lambda_{Q,W}} = 0.061\ . \tag{7.7}$$

Für eine so kleine *Biot*-Zahl kann vereinfachend davon ausgegangen werden, daß die über den Umfang gemittelte Quarztemperatur nur von der Zeit, nicht aber vom Radius abhängt, d.h. die Innen- und Außentemperatur wird als gleich angenommen[1]. Die Beschreibung eines Abkühlungsvorganges des Rohres kann dann mit dem Energiesatz und dem Abkühlungsgesetz wie folgt dargestellt werden:

1. Nach [3] beträgt der resultierende Fehler dieser Vereinfachung maximal 2 %.

$$-V_Q \rho_Q c_{p,Q} \frac{dT_Q}{dt} = \alpha A_{G,Q} (T_Q - T_U) . \quad (7.8)$$

Der Index $Q$ steht für alle das Quarzrohr betreffenden Größen, wobei $A_{G,Q}$ die Summe der Rohrinnen- und Rohraußenfläche darstellt.

Eine Lösung dieser Differentialgleichung, welche die Abkühlung des Quarzrohres von einer Anfangstemperatur $T_{Q,0}$ auf die Umgebungstemperatur $T_U$ beschreibt, ist

$$T_Q(t) = T_U + (T_{Q,0} - T_U) \exp\left( -\frac{\alpha A_{G,Q} t}{V_Q \rho_Q c_{p,Q}} \right) . \quad (7.9)$$

Der Ausdruck für die exponentielle Abklingzeit, die für den Abkühlungs- wie auch für den Erwärmungsvorgang des Quarzrohres bestimmend ist, lautet also

$$\tau_Q = \frac{V_Q \rho_Q c_{p,Q}}{\alpha A_{G,Q}} = \frac{(R_a - R) \rho_Q c_{p,Q}}{2\alpha} . \quad (7.10)$$

Für den hier behandelten Fall[1] ergibt sich also eine rechnerische Abklingzeit $\tau_Q \approx 39\text{s}$ .

Diese Abklingzeit kann ohne größeren apparativen Aufwand experimentell überprüft werden. Für den vorliegenden Fall wurden beispielsweise zwei voneinander unabhängige Meßmethoden eingesetzt. Die für beide Methoden ausgewerteten Messungen sind in Abbildung 7.2 dargestellt.

**Methode I:** Der Referenzstrahl des Mach-Zehnder Interferometers (vergleiche Abbildung 4.2) wird abgedeckt, so daß nur der Meßstrahl auf die CCD-Kamera trifft. Während der Strahldurchmesser des Meßstrahls am Ort der CCD-Kamera in Abhängigkeit von der Zeit aufgezeichnet wird, erfolgt die Einschaltung der Gasentladung[2] zum Zeitpunkt $t = 0$. In Abbildung 7.2 oben beschreibt die obere und untere Begrenzung des grau hinterlegten Bereichs den zeitlichen Verlauf des gemessenen Strahldurchmessers.

Der Strahldurchmesser verkleinert sich zum Zeitpunkt $t = 0$ instantan und nähert sich dann wieder exponentiell an die ursprüngliche Größe an. Das in der einsetzenden Gasentladung quasi-instantan erwärmte Gas gibt im äußeren Strömungsbereich Wärme an das noch kalte Quarzrohr ab. Solange sich dann das thermodynamische Gleichgewicht noch nicht eingestellt hat, sinkt der Wärmefluß bis schließlich der in Kapitel 7.1 gemessene Wert $P_D \approx 750\text{W}$ erreicht wird. Die so verursachten radialen Temperaturunterschiede im Fluid produzieren eine thermisch induzierte Linsenwirkung. Im Einschaltvorgang wirkt die nach außen fallende Gastemperatur des Fluids wie eine Streulinse, d.h. der Meßstrahl wird instantan aufgeweitet. Auf der CCD-Kamera führt dies, bedingt durch die vorgeschaltete Linse, zu einer Durchmesser- bzw. Radiusverkleinerung. Der Strahlradius verhält sich also entsprechend dem zeitlichen

1. Hier wurde eine für den betreffenden Temperaturbereich mittlere spezifische Wärmekapazität verwendet.
2. Die Daten der Gasentladung entsprechen den in Fußnote 1 auf Seite 76 aufgeführten mit der Ausnahme, daß gewendelte Elektroden (siehe Abbildung 8.12) anstelle der geradlinigen Elektroden eingesetzt wurden.

Temperaturverlauf des Quarzrohres und kann mit einer Exponentialkurve angenähert werden, deren Abklingzeitkonstante $\tau_Q \approx 30\text{s}$ beträgt.

Weiterhin kann aus Abbildung 7.2 oben ersehen werden, daß nach Abklingen der Einschaltphase die Meßstrahlung so wenig gestört ist wie vor dem Einschalten der Entladung. Dies ist ein erster Hinweis darauf, daß zumindest bei Verwendung gewendelter Elektrodenformen und nach Ablauf der Aufwärmzeit des Quarzrohres geringe Phasenstörungen möglich sind.

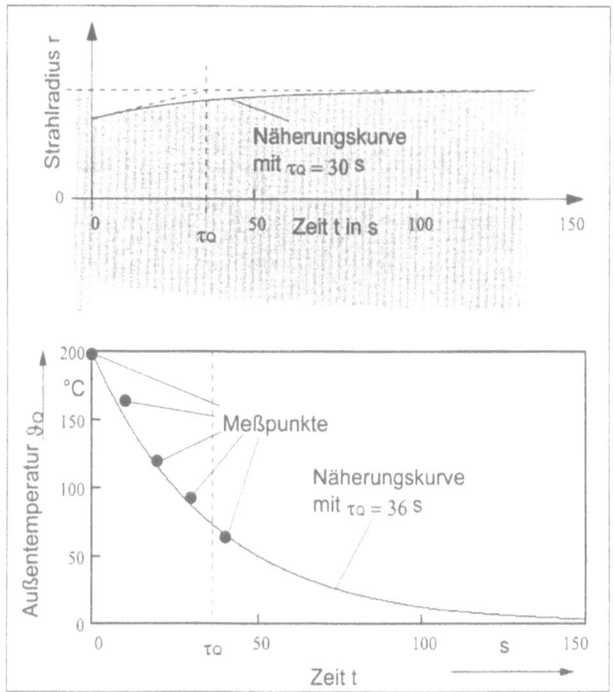


Abb. 7.2: Oben: Methode I: Zeitliche Auswirkung eines Einschaltvorganges auf den Meßstrahlradius an der CCD-Kamera.
Unten: Methode II: Temperaturprofil der Rohraußentemperatur während des Abschaltens.

**Methode II:** Pyrometrische Messung der Rohraußentemperatur entsprechend Kapitel 7.2 während des Einschalt- oder Abschaltvorganges der Gasentladung. In Abbildung 7.2 unten ist der zeitliche Temperaturverlauf ab dem Zeitpunkt des Abschaltens $t = 0$ dargestellt. Der Meßort entspricht dem letzten Meßpunkt im Nachlaufbereich des Quarzrohres aus Abbildung 7.1. Die angenäherte Exponentialkurve hat die Abklingzeitkonstante $\tau_Q \approx 36\text{s}$.

## 7.5 Aufwärmzeit eines schnell längsgeströmten Gaslasers

Wenn näherungsweise angenommen wird, daß für alle schnell längsgeströmten $CO_2$-Gaslaser der Wärmeübergangskoeffizient dicht bei $\alpha \approx 50\mathrm{W}/(\mathrm{m}^2\mathrm{K})$ liegt, hängt die Abklingzeitkonstante nur noch von Geometriedaten und Stoffwerten ab und kann daher leicht nach Gleichung 7.10 berechnet werden. Die Bedeutung dieser Zeitkonstanten ergibt sich in einem Vergleich mit den zeitlichen Verläufen von Strahlparametern unmittelbar nach Einschalten eines Lasersystems. In [47] sind beispielsweise zeitliche Verläufe des Strahlpropagationsfaktors[1] *k* wie auch der Position der Laserstrahltaille (Abbildung 7.3) dargestellt.

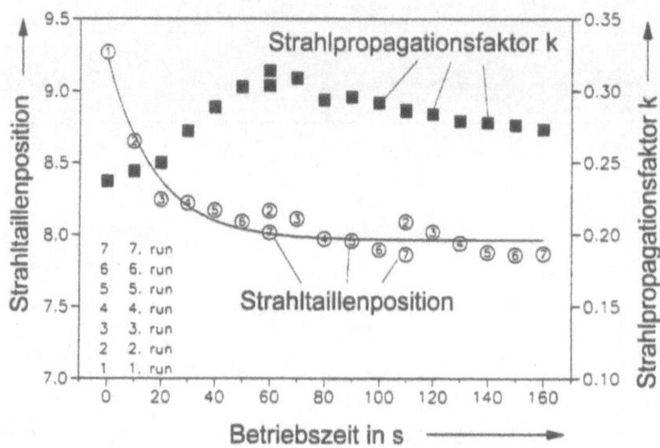


Abb. 7.3: Aufwärmphase eines Gaslasers. Strahlpropagationsfaktor und Taillenposition in Abhängigkeit von der Betriebszeit. Daten aus [47].

Die so gemessene Zeitkonstante ist ungefähr gleich der für diesen Fall berechneten Konstanten $\tau_Q \approx 30\mathrm{s}$. Daraus können die folgenden, wichtigen Schlüsse gezogen werden:

- Das Aufwärmverhalten der Quarzrohre bestimmt das Aufwärmverhalten eines Gaslasers. Dies ist um so mehr verständlich, wenn die Zeitkonstanten der typischerweise verwendeten direkt wassergekühlten Kupferspiegel und der indirekt wassergekühlten ZnSe- oder GaAs- Fenster mit $\tau_{Ku} \approx 0.5$ s, bzw. $\tau_{Fe} \approx 5$ s [47] betrachtet werden.
- Die thermisch induzierte Streulinse ist in der Aufwärmphase von solch hoher Brechkraft[2], daß zwei Empfehlungen für die Laseranwender im Sinne einer konstanten Bearbeitungsqualität ausgesprochen werden können:

  Der Gaslaser muß vor dem ersten Arbeitsvorgang *warmgefahren* und zwischen den Arbeitsschritten *warmgehalten* werden.

1. Der Strahlpropagationsfaktor *k* nach [48] kennzeichnet die Fokussierbarkeit der emittierten Laserstrahlung.
2. Aus Abbildung 7.2, oben kann mit einer einfachen Rechnung unter Beachtung der verwendeten Linsen und Abstände die Brennweite der thermisch induzierten Gaslinse zum Zeitpunkt $t = 0$ zu ca. $f = 15\mathrm{m}$ pro Quarzrohr bestimmt werden.

Der Gaslaser sollte, wenn möglich, mit einem schnell regelbaren adaptiven Spiegel[1] ausgerüstet sein. In [47] wurde gezeigt, daß es so prinzipiell möglich ist, gleichbleibende Strahlparameter bereits wenige Sekunden nach dem Einschalten des Gaslasers zu gewährleisten.

## 7.6 Kurzfassung der wichtigsten Ergebnisse

In diesem Kapitel wurde mit Hilfe kalorimetrischer Messungen nachgewiesen, daß bei Entladungsrohren im thermodynamischen Gleichgewicht die Verlustleistung durch Wärmedurchgang maximal 3.75 % der eingekoppelten Leistung beträgt. Bei optimierter oder abgeschalteter Ozonabsaugung wird diese Verlustleistung weiter minimiert.

In der Einschaltphase (*warm-up*) von geströmten Gaslasern ist die Verlustleistung durch Wärmedurchgang jedoch drastisch höher und beeinflußt signifikant die Strahleigenschaften. Der zeitliche Verlauf der Strahlparameter ist durch die exponentielle Abklingzeitkonstante des Quarzrohres bestimmt.

Für den Laseranwender wurde eine Näherungsgleichung angegeben, mit der die Abklingzeitkonstante leicht aus Geometriedaten und Stoffwerten abgeschätzt werden kann.

1. Ein adaptiver Spiegel weist eine veränderbare Spiegelkontur auf. Dies kann mittels des Kühlwasserdrucks wie auch durch piezoelektrische Aktuatoren erfolgen.

# 8 Phasendeformation in einer Gasentladungsstrecke

Die im folgenden näher beschriebene Gesamtmodellierung von Gasentladungsstrecken basiert im wesentlichen auf den bereits in den vorangegangenen Kapiteln eingeführten Modellen.

Die nötigen Stoffwerte des betrachteten Gasgemischs werden zunächst nach Kapitel 2 bzw. Anhang A.1 berechnet. Mit den bekannten Werten für die Entladungsrohrabmessung und Elektrodenlänge sowie für die zugeführte elektrische Hochfrequenzleistung und für die thermodynamischen Größen am Rohreinlaß werden dann nach Kapitel 3 die nur von der Koordinate in Hauptströmungsrichtung $z$ abhängigen Mittelwerte der relevanten thermodynamischen Größen gebildet. Um einen Vergleich von interferometrischen Meßergebnissen und Modellierungsrechnungen zu ermöglichen, finden die Berechnungen wie die Messungen zunächst ohne Berücksichtigung eines Strahlungsfeldes statt.

Aus dem Verlauf der Mittelwerte der thermodynamischen Größen wird dann mit den Ergebnissen aus Kapitel 5 die rohreinlaufabhängige Ausbildung der Geschwindigkeits- und der Temperaturverteilung entlang der Koordinate $z$ berechnet.

Für die Berücksichtigung einer im Rohrquerschnitt nicht homogenen Leistungseinbringung sind die Ergebnisse aus Kapitel 6, also die dann relevanten Auswirkungen von Turbulenz und Drall, nötig.

Gemäß Kapitel 7 kann die durch die Rohrwandung hindurch tretende Verlustleistung für die Modellierung der Temperaturverteilung vernachlässigt werden[1].

Für einen direkten Vergleich werden den Modellierungen der Entladungsstrecken jeweils die zugehörigen interferometrischen Messungen gegenübergestellt. Die Messungen wurden dabei immer nach der nachfolgend dargestellten Vorgehensweise ausgewertet.

Nach erfolgtem Aufwärmvorgang des Quarzrohres (siehe hierzu Kapitel 7), also nach typischerweise $t \approx 3\tau_Q$, werden aufeinanderfolgend 6 Meßbilder aufgezeichnet. Von diesen Meßbildern wird das zuvor im „kalten", nicht geströmten Zustand gemessene Referenzbild (Kapitel 4.2.1) subtrahiert. Der hohe Turbulenzgrad der Strömung manifestiert sich in typischen Mischungswegen im *Prandtl*'schen Sinne und bedingt so unvermeidliche Fluktuationen der Gasströmung, die zu geringfügig unterschiedlichen Phasendeformationen bei den sechs Ergebnisbildern führen. Somit sind auch die maximalen optischen Weglängendifferenzen, die sogenannten *pv*-Werten[2] unterschiedlich. Um die charakteristischen Merkmale der untersuchten Entladungskonfiguration herauszuarbeiten, werden die zweidimensionalen Einzelbilder dann arithmetisch gemittelt. Die Kontur dieses Mittelungsbildes ist jedoch im Vergleich zur einzelnen Phasendeformation eher geglättet und gibt somit auch wenig Aufschluß über die vorliegenden Strömungsverhältnisse oder eventuelle Entladungsinstabilitäten. Deshalb sind alle in diesem Kapitel gezeigten Meßbilder Einzelbilder und zwar diejenigen, deren Kontur die

1. Eine optimierte Ozonabsauganlage mit reduziertem Fördervolumen kam zum Einsatz.
2. Die Abkürzung *pv* geht auf den englischsprachigen Ausdruck *peak-to-valley-value* zurück.

geringste Abweichungen zum zugehörigen Mittelungsbild aufweisen. Der jeweils angegebene *pv*-Wert ist derjenige des Mittelungsbildes.

Im folgenden wird der Vergleich von Modellierung und Messung an konkreten Beispielen durchgeführt.

## 8.1 Beispielhafte Modellierung einer Gasentladungsstrecke

Die Modellierung erfolgt für die in Abbildung 3.5 gezeigte Konfiguration mit Standardgasgemisch bei der eingekoppelten Leistung 20 kW, dem Gasmassenfluß 17.1 g/s, dem Eingangsdruck 145 hPa und der Eingangstemperatur 293 K. Die Rohrströmung ist zunächst drallfrei[1]. Desweiteren ist auch Abbildung 3.6 gültig. Eine Skizze der betrachteten Konfiguration und eine Variablendefinition ist in Abbildung 8.1 dargestellt.

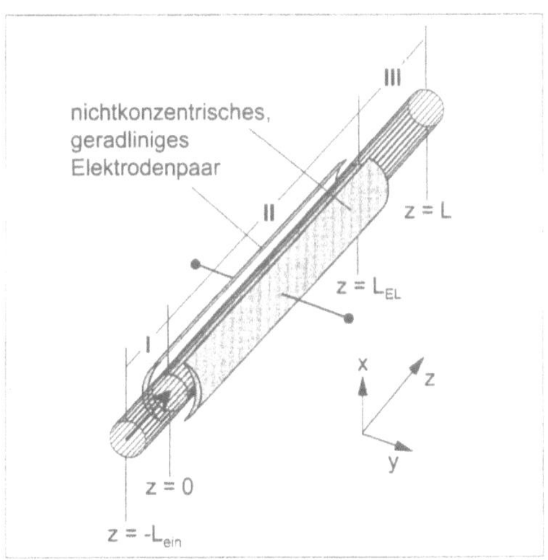


Abb. 8.1: Skizze der betrachteten Entladungskonfiguration: Entladungsrohr mit seitlich angebrachten geradlinigen Elektroden.

Verwendet werden zunächst geradlinige Elektroden, deren Innenflächenkontur nichtkonzentrisch zum Quarzrohr ist, und zwischen Quarzrohr und Elektrodenfläche befindet sich ein zur Entladungsstabilisierung[2] dienender Luftspalt [20], [49].

Nach dem in Kapitel 3 vorgeschlagenen Rechengang können zunächst die nur von der Koordinate in Hauptströmungsrichtung $z$ abhängigen Mittelwerte der thermodynamischen Größen ermittelt werden. Die Abwesenheit eines Strahlungsfeldes bewirkt in diesem Fall, daß von der im Gas deponierten Leistung 20000 W bis zum Ende des Entladungsrohres lediglich 17900 W als Verlustleistung wirksam werden. In dem betrachteten Leistungsbereich kann nach [20]

1. Dies sind die gleichen Betriebsparameter, wie sie auch bereits der Wärmedurchgangsbetrachtung in Kapitel 6 zugrundelagen.
2. Die Stabilisierung von Gasentladungen ist Gegenstand von Kapitel 9.

näherungsweise von einer längs $z$ konstanten eingekoppelten Leistungsdichte ausgegangen werden.

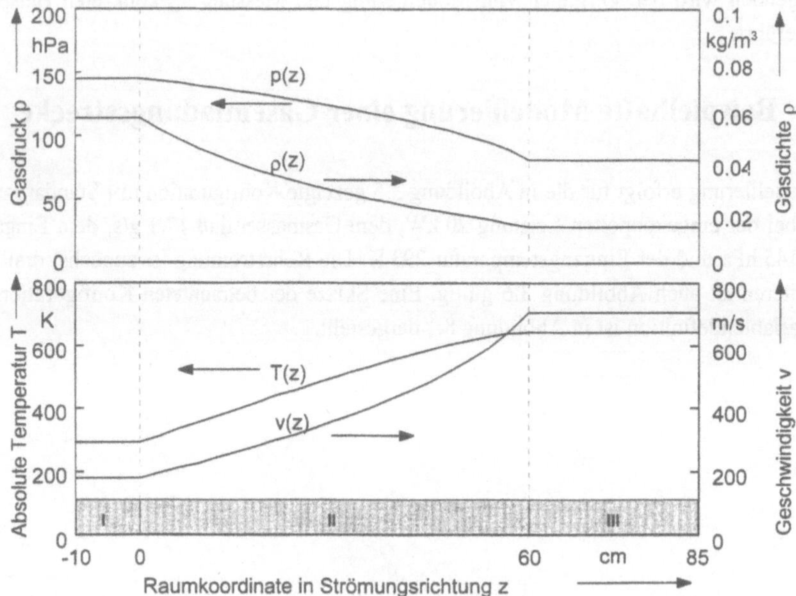


Abb. 8.2: Berechnete Profile des Gasdrucks, der Gasdichte, der Gastemperatur und der Gasgeschwindigkeit in Abhängigkeit von der Rohrposition $z$.

In Abbildung 8.2 sind die berechneten Gasparameter dargestellt. Im Eingangsgebiet I sind die Größen zunächst konstant, im Bereich der Gasentladung II erfolgt dann eine Beschleunigung und Erwärmung des Gases. Im sich anschließenden Nachlauf-Gebiet III sind die Größen dann wieder konstant. Diese Parameterprofile sind im Übergangsgebiet im Vergleich zu den tatsächlichen Verläufen vereinfacht. Der im Rechenmodell scharfkantige Übergang ist in der Realität fließend. Insbesondere die thermodynamischen Parameter im Bereich III sind nur näherungsweise konstant. Tatsächlich werden die in Abbildung 8.2 im Bereich III konstanten Werte, bedingt durch die verzögerte Relaxation der Leistung in Verlustleistung, erst am Ende von Bereich III erreicht. Der daraus für die weiteren Rechnungen entstehende Fehler ist jedoch vernachlässigbar.

### 8.1.1 Homogene Anregung des Gases

Im ersten Schritt wird die Auswirkung einer im Entladungsbereich II homogenen Anregung des Gases betrachtet. Berechnet wird die Deformation einer durch das Rohrstück propagierenden Phasenfront bei der Meßwellenlänge 632.8 nm.

Zunächst kann nach den Gleichungen 5.26 und 5.28, aus der Rohrgeometrie sowie aus dem berechneten Verlauf $v(z)$ die rohreinlaufgeprägte Ausbildung der Geschwindigkeitsverteilung $v_{m2}(r, h(z))$ berechnet werden. Zusammen mit der berechneten mittleren Temperatur $T(z)$

kann daraus unmittelbar (vergleiche Gleichung 5.30) die Temperaturverteilung an jedem Ort des Rohres T(r,z) ermittelt werden. Die Zustandsgleichung idealer Gase (Gleichung A.6), zusammen mit dem berechneten Druckverlauf *p(z)*, verhilft dann zur relevanten Gasdichteverteilung im betrachteten Rohrstück. Mit Hilfe der modifizierten *Gladstone-Dale*-Gleichung 4.5 ergibt sich die Verteilung optischer Weglängendifferenzen aus

$$\overline{\Delta L_H(r)} = \frac{3}{2}\Re\int_{-L_{ein}}^{L} (-\rho(r,z))\,\mathrm{d}z - Min\left(\frac{3}{2}\Re\int_{-L_{ein}}^{L} (-\rho(r,z))\,\mathrm{d}z\right). \tag{8.1}$$

Die Subtraktion des Minimalwertes ist nötig, weil nur die relativen Weglängendifferenzen relevant für die optische Qualität des Mediums sind und weil nur diese mit der interferometrisch meßbaren Phasendeformation vergleichbar ist. Alle hier gezeigten Verteilungen optischer Weglängendifferenzen setzen folglich auf dem Nullpunkt auf.

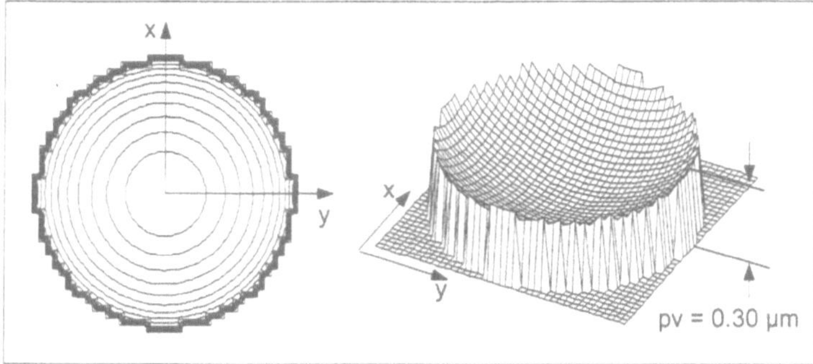


Abb. 8.3: Berechnetes Profil optischer Weglängendifferenzen $\overline{\Delta L_H(r)}$. Höhenlinienprojektion und quasi-dreidimensionale Darstellung bei einer in jedem Rohrquerschnitt homogenen Anregung.

In Abbildung 8.3 sind eine Höhenlinienprojektion und eine quasi-dreidimensionale Darstellung der berechneten Verteilung optischer Weglängendifferenzen für den Fall einer homogenen Anregung $\overline{\Delta L_H(r)}$ dargestellt. Das konkave Profil zeigt an, daß die Phase, bedingt durch die Temperaturverteilung in jedem Strömungsquerschnitt, im rohrmittigen Bereich zurückbleibt und in den äußeren Strömungsschichten mit zunehmendem Rohrradius vorauseilt. Die homogen angeregte Gasströmung wirkt also auf eine in der *z*-Achse propagierende Strahlung fokussierend. Die berechnete maximale optische Weglängendifferenz ergibt sich zu $pv = \overline{\Delta L_H(R)} - \overline{\Delta L_H(0)} = \overline{\Delta L_H(R)} = 0.30\ \mu\mathrm{m}$.

Ein Vergleich der für homogene Anregung berechneten optischen Weglängendifferenzen mit der tatsächlich von der betrachteten Entladungsanordnung (Abbildung 8.1) verursachten und interferometrisch meßbaren Weglängendifferenzen in Abbildung 8.4 zeigt jedoch signifikant unterschiedliche Merkmale.

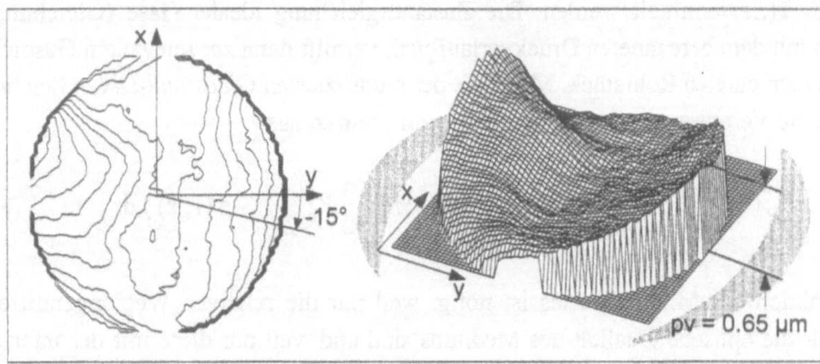


Abb. 8.4: Gemessenes Profil optischer Weglängendifferenzen. Höhenlinienprojektion und quasi-dreidimensionale Darstellung. Nichtkonzentrische, geradlinige Elektroden.

Das gemessene Profil weist keine Rotationssymmetrie auf, zeigt aber, ähnlich wie die Elektrodenanordnung selbst, zwei senkrecht aufeinander stehende Symmetrieachsen, die allerdings um circa $-15°$ gegen das Koordinatensystem verdreht sind. Entlang der Symmetrieachse in $y$-Richtung zeigt sich ein konkaves Profil, dessen Form der für den homogenen Fall berechneten Phasendeformation ähnelt. Allerdings ist die gemessene maximale optische Weglängendifferenz mit $pv = 0.65$ µm deutlich größer. Entlang der Symmetrieachse in $x$-Richtung liegt die angestrebte, allenfalls geringe Variation der Phase vor. Position und Kontur des Elektrodenpaares sind grau skizziert.

Im folgenden soll durch eine Modellierung, welche die tatsächlichen Vorgänge vereinfacht darstellt, eine physikalische Begründung für die gemessene Phasendeformation gegeben werden.

## 8.1.2 Inhomogene Anregung des Gases durch geradlinige Elektroden

Es wird angenommen[1], daß durch die Elektrodenanordnung an jedem Ort $z = z_0$, wobei $0 \leq z_0 \leq L_{EL}$ gilt, eine nur von der $x$-Koordinate, nicht jedoch von der $y$-Koordinate abhängige Einprägung der Temperaturvariation

$$\Delta T(x, y) = C_1 e^{-\left(\frac{x}{C_2}\right)^2} \tag{8.2}$$

erfolgt. Die eingeprägte Temperaturvariation wird also entlang den Elektroden als konstant angenommen, um der angenommenen konstanten Leistungsdichte im Entladungsbereich gerecht zu werden. Die Funktion entspricht der Anfangstemperaturverteilung Gleichung 6.5. Die Konstante $C_1$ dient zur Wichtung des hier zu berechnenden inhomogenen Anteils $\Delta L_1$

1. Die Zulässigkeit dieser Temperaturverteilung wird in Kapitel 9 anhand einer Beschreibung der ablaufenden Entladungsvorgänge diskutiert.

zum bereits in Kapitel 8.1.1 bestimmten homogenen Anteil $\Delta L_H$ der Phasendeformation und hängt also direkt von der eingekoppelten Leistung ab. $C_2$ dagegen bestimmt die Form der Temperatureinprägung und berücksichtigt somit nur die eingesetzte spezielle Elektrodenkontur mit den Elektrodenparametern Elektrodenbreite, Innenflächenradius und Luftspalt (siehe Abbildung 8.5). Durch Anpassung der Modellierung an die Messung zeigt es sich, daß mit $C_1 = 500\,\mathrm{K}$ und $C_2 = R$ das in Abbildung 8.6 dargestellte, gerechnete Profil optischer Weglängendifferenzen $\overline{\Delta L_{HI}} = \overline{\Delta L_H} + \overline{\Delta L_I} - Min(\overline{\Delta L_H} + \overline{\Delta L_I})$ dem interferometrisch gemessenen Profil (Abbildung 8.4) am nächsten kommt.

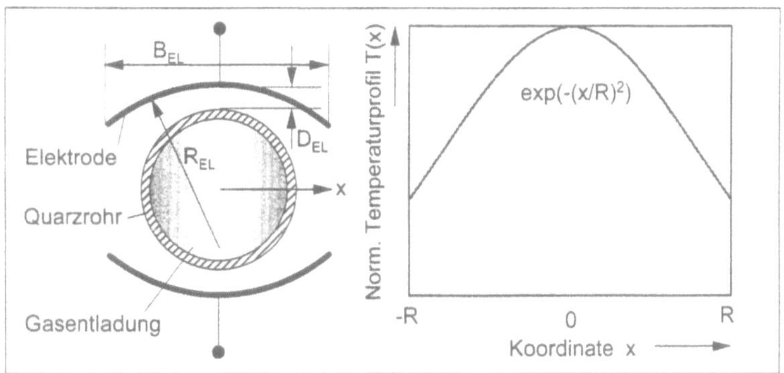


Abb. 8.5: Elektrodenanordnung im Querschnitt mit skizzierter Leuchtdichteverteilung und zugeordneter Temperaturverteilung[1]. Elektrodenparameter: Breite $B_{EL} = 75\,\mathrm{mm}$, Innenflächenradius $R_{EL} = 55\,\mathrm{mm}$ und Luftspalt $D_{EL} = 10\,\mathrm{mm}$.

Zunächst wird ausschließlich betrachtet, wie sich eine an einem bestimmten Ort $z = z_0$, also im Bereich der Gasentladung $0 \le z_0 \le L_{EL}$, eingebrachte Temperatureinprägung $\Delta T(x, y)$ auf die Verteilung optischer Weglängendifferenzen der gesamten Entladungsstrecke auswirkt. Diese eingebrachte Temperatureinprägung $\Delta T(x, y)$ wird im weiteren Strömungsverlauf für $z > z_0$ durch Wärmeleitungsvorgänge zunehmend abgebaut. Damit wird bis zum Ort $z = L$ eine Verteilung optischer Weglängendifferenzen bewirkt, die wie folgt berechnet werden kann:

$$\overline{\Delta L_{z_0}(x, y, z_0)} = \frac{3\Re}{2R_s} \int_{z_0}^{L} \frac{p(z)}{T^2(z)} \Delta T(x, y, z)\, dz\,. \tag{8.3}$$

Diese Gleichung ist eine modifizierte Form der Gleichung 4.7, die den Zusammenhang zwischen Temperaturprofil und optischer Weglängenverteilung beschreibt, mit der Annahme, daß über jedem Rohrquerschnitt konstanter Druck herrscht. Bei der vorliegenden einlaufgeprägten Rohrströmung ist dies näherungsweise berechtigt. Die Integration von Druck und Temperatur bezieht die Tatsache mit ein, daß diese Werte, entsprechend Abbildung 8.2, von $z$ abhängen.

1. Siehe hierzu auch Abbildung 6.4 mit der zugehörigen Beschreibung.

Gemäß den Erkenntnissen aus Kapitel 6 enthält der Term $\Delta T(x, y, z)$ die Wärmeleitvorgänge sowie die Auswirkungen des fehlenden Strahlungsfeldes. Es ergibt sich also schließlich:

$$\overline{\Delta L_{z_0}(x,y,z_0)} = \frac{3\Re C_1 C_2}{2R_s}\int_{z_0}^{L}\frac{p(z)}{T^2(z)}\frac{\exp\left(-\dfrac{x^2}{C_2^2+4a_{T,t}(z)\dfrac{z-z_0}{v(z)}}\right)}{\sqrt{C_2^2+4a_{T,t}(z)\dfrac{z-z_0}{v(z)}}}\left(1-0.6\exp\left(-\frac{z-z_0}{\tau_{spon}v(z)}\right)\right)dz \tag{8.4}$$

Der zweite Term im Integrationsausdruck beschreibt analog zu Gleichung 6.8 die Temperaturverteilung an jedem Ort $z_0 \le z \le L$. Der dritte Term schließlich berücksichtigt, daß bedingt durch die Abwesenheit eines Strahlungsfeldes, analog zu Gleichung 6.9, eine verzögerte Relaxation der Verlustleistung stattfindet.

Für Gleichung 8.4 müssen zum Verlauf von Geschwindigkeit, Druck und Temperatur auch die durch Turbulenz erhöhte Temperaturleitfähigkeit an jedem Ort $z$ bekannt sein (siehe Gleichung 6.2).

Der weitere Verlauf der Modellierung nützt die Möglichkeit aus, verschiedene Wärmeleitungsvorgänge ungestört zu überlagern. Der Aufbau der allgemeinen Lösungen aus Teillösungen ist grundsätzlich möglich [2], weil die *Fourier*'sche Differentialgleichung der Wärmeleitung (Gleichungen 2.3 und 6.3) wie auch ihre Lösungen linear in $\vartheta$ sind. Damit ist es möglich, die von der gesamten betrachteten Elektrodenanordnung verursachten Phasendeformationen in der folgenden Integration über die gesamte Elektrodenlänge zu ermitteln. Die von der gesamten Elektrodenanordnung verursachte Verteilung von optischen Weglängendifferenzen kann also durch

$$\overline{\Delta L_{EL}(x,y)} = \frac{1}{L_{EL}}\int_0^{L_{EL}}\overline{\Delta L_{z_0}(x,y,z_0)}\,dz_0 \tag{8.5}$$

beschrieben werden.

Analog zu Gleichung 8.1 muß für das eigentlich relevante Profil optischer Weglängendifferenzen (ohne homogenen Anteil) eine Subtraktion des Minimalwertes erfolgen:

$$\overline{\Delta L_I(x,y)} = \overline{\Delta L_{EL}(x,y)} - \mathrm{Min}\,(\overline{\Delta L_{EL}(x,y)})\ . \tag{8.6}$$

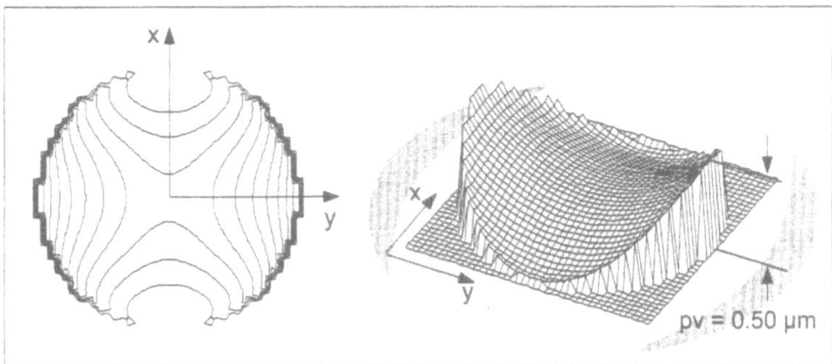


Abb. 8.6: Modelliertes Profil optischer Weglängendifferenzen $\overline{\Delta L_{HI}}$.
Höhenlinienprojektion und quasi-dreidimensionale Darstellung.
Nichtkonzentrische, geradlinige Elektroden.

Bedingt durch die vorausgesetzte Drallfreiheit sind die zwei Symmetrieachsen mit den *x*– und *y*–Achsen identisch. Entlang der Symmetrieachse in *y*-Richtung ist das für die homogene Anregung berechnete konkave Profil vollständig erhalten, entlang der Symmetrieachse in der *x*-Achse ist dieses Profil durch die inhomogene, mittig betonte Entladung nahezu kompensiert. Die Charakteristika des gemessenen und des berechneten Profils sind gleich bis auf die maximale optische Weglängendifferenz, die beim berechneten Verlauf mit $pv = 0.50\ \mu m$ etwas zurückbleibt. Die geringe Verdrehung zwischen gemessenem und berechnetem Profil deutet an, daß bei der Messung keine vollständige Drallfreiheit vorlag. Im folgenden Kapitel wird daher das Modell um die Drallströmung erweitert.

### 8.1.3 Berücksichtigung von Drallströmungen

Durch Anpassung des Rechengangs von Kapitel 6.2.4 kann der Winkel bestimmt werden, um den eine am Ort $z = z_0$ eingebrachte Temperatureinprägung bis zum Ort $z' > z_0$ verdreht wird:

$$\Omega(z') = \frac{180°}{\pi} S_{p,0} \frac{v(0)}{R} e^{-b\frac{L_{ein}}{2R}} \int_{z_0}^{z'} \frac{e^{-b\frac{z}{2R}}}{v(z)} dz \tag{8.7}$$

In Gleichung 8.4 ist also für eine Drehung im mathematisch positiven Sinn lediglich der Term $x^2$ durch $(x\cos\Omega(z) - y\sin\Omega(z))^2$ zu ersetzen. Für die Vorhersage der Phasendeformation bei einer bestimmten Drallströmung muß also die Drallzahl am Rohreingang $S_{p,0}$ bekannt sein. Diese kann zuvor nach dem in Kapitel 6.2 vorgeschlagenen Meßverfahren bestimmt werden.

Die Einströmgestaltung wurde experimentell modifiziert, so daß die Drallzahl $S_{p,0} = 0.55$ gemessen werden konnte. Die betrachtete Entladungsanordnung verursachte daraufhin das in

Abbildung 8.7 dargestellte interferometrisch gemessene Profil optischer Weglängendifferenzen.

Beim Vergleich der zwei gemessenen Deformationsprofile in den Abbildungen 8.4 und 8.7 ist ersichtlich, daß die Profile grundsätzlich ähnlich sind. Das bei positiver Drallströmung gemessene Profil ist allerdings um +43° gegenüber dem Koordinatensystem verdreht. Außerdem ist die maximale optische Weglängendifferenz geringer.

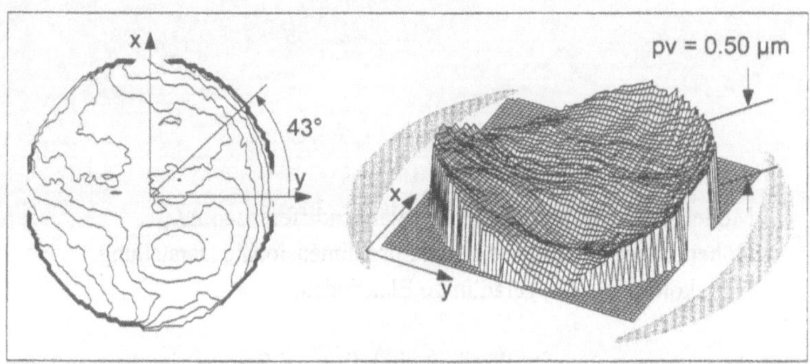


Abb. 8.7: Gemessenes Profil optischer Weglängendifferenzen. Höhenlinienprojektion und quasi-dreidimensionale Darstellung. Nichtkonzentrische, geradlinige Elektroden. Drallzahl $S_{p,0} = 0.55$.

Für die Berechnung der in Abbildung 8.8 dargestellten Phasenfrontdeformation wurde im Vergleich zur drallfreien Rechnung des vorigen Kapitels lediglich die Drallzahl $S_{p,0} = 0.55$ zusätzlich berücksichtigt. Die Konstanten $C_1$ und $C_2$ blieben hingegen unverändert.

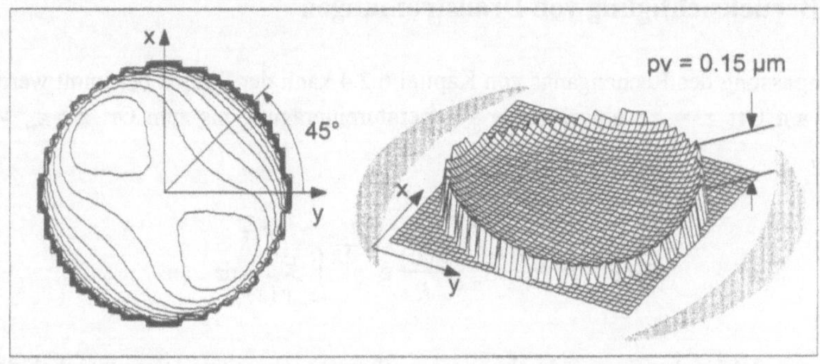


Abb. 8.8: Modelliertes Profil optischer Weglängendifferenzen $\overline{\Delta L_{HI}}$. Höhenlinienprojektion und quasi-dreidimensionale Darstellung. Nichtkonzentrische, geradlinige Elektroden. Drallzahl $S_{p,0} = 0.55$.

Im Vergleich der korrespondierenden Messung und Rechnung zeigt sich wieder eine Ähnlichkeit der Profile. Der berechnete Verdrehwinkel ist nahezu gleich dem gemessenen. Nur die maximale optische Weglängendifferenz liegt bei der Rechnung mit $pv$ = 0.15 µm deutlich niedriger.

Mit Hilfe der Simulation können die zwei Größen, maximale optische Weglängendifferenz und Verdrehwinkel, in Abhängigkeit von der Drallzahl einfach und in einem großen Bereich dargestellt werden. In den Abbildungen 8.9 und 8.10 sind den berechneten Verläufen drei interferometrisch gemessene Werte gegenübergestellt.

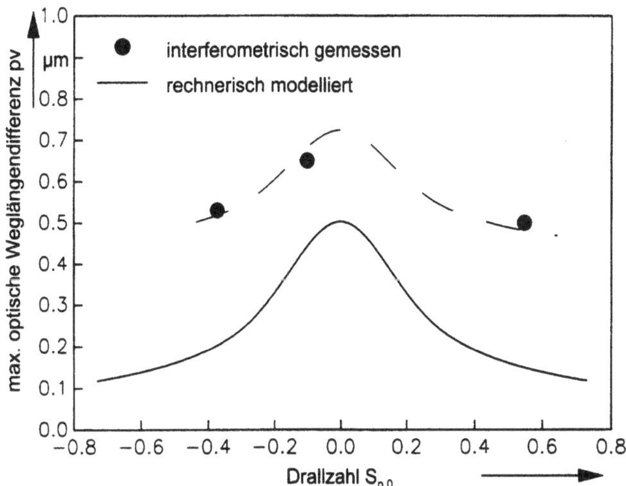


Abb. 8.9: Vergleich der interferometrisch gemessenen und rechnerisch modellierten maximalen optischen Weglängendifferenzen in Abhängigkeit von der Drallzahl. Nichtkonzentrische, geradlinige Elektroden.

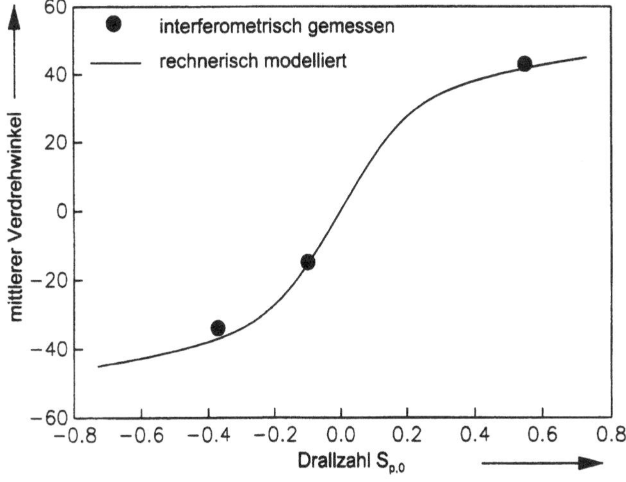


Abb. 8.10: Vergleich des interferometrisch gemessenen und rechnerisch modellierten mittleren Verdrehwinkels in Abhängigkeit von der Drallzahl. Nichtkonzentrische, geradlinige Elektroden.

Es zeigt sich, daß die gemessene und die gerechnete maximale optische Weglängendifferenz in Abhängigkeit von der Drallzahl ähnlich typisch verläuft (Abbildung 8.9). Der Verdrehwinkel der Profile ist sogar fast identisch bei Messung und Rechnung (Abbildung 8.10). Die Absolutwerte der optischen Weglängendifferenzen weichen jedoch voneinander ab. Es läßt sich nachweisen, daß für diese Diskrepanz insbesondere die nicht genügende Anzahl berücksichtigter interferometrischer Meßbilder ursächlich ist. Die für eine statistisch relevante Mittelung nötige Anzahl interferometrischer Aufnahen würde jedoch den damit verbundenen Zeitaufwand nicht rechtfertigen. In dieser Arbeit wird daher in Kauf genommen, daß die maximalen optischen Weglängendifferenzen der gemessenen Profile immer etwas größer als die der berechneten sind. Für eine bessere Übersicht sind deshalb alle gemessenen wie auch alle gerechneten Profile optischer Weglängendifferenzen jeweils zueinander skaliert dargestellt.

Die Modellierung zeigt deutlich, daß bei Einsatz geradliniger Elektroden eine Drallströmung von grundsätzlichem Vorteil ist. Die Phasendeformation sinkt monoton mit steigendem Betrag der Drallzahl. Wegen der starken Nichtlinearität dieser Abhängigkeit kann lediglich die Empfehlung ausgesprochen werden, keine drallfreien Rohrströmungen einzusetzen. Dagegen tritt bei Drallzahlen $|S_{p,0}| \geq 0.4$ bei Phasendeformation wie auch bei Verdrehwinkel ein Sättigungsverhalten auf, das heißt, ein weiteres Steigern der Drallzahl erscheint immer weniger vorteilhaft.

Wird die Drallzahl dennoch weiter erhöht, verliert die auf dem Wirbelkernmodell basierende Simulation zunehmend an Gültigkeit. Ab Drallzahlen $|S_{p,0}| > 0.6$ herrscht starker Drall vor, und das azimutale wie auch das axiale Geschwindigkeitsprofil hängen zunehmend vom Radius ab. Um die daraus entstehenden Nachteile für die Anwendung in Gaslasern zu demonstrieren, wurde ein solch starker Drall mit Hilfe einer abgeänderten[1] Version der in Abbildung 6.10 dargestellten Gasführungsvorrichtung realisiert. In Abbildung 8.11 ist die interferometrische Messung der Weglängendifferenzen dargestellt.

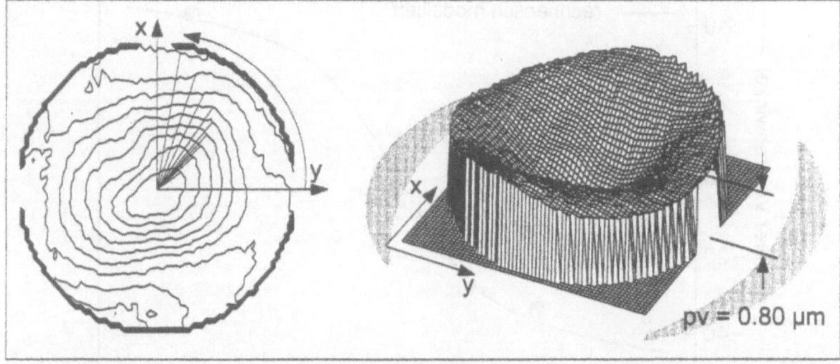


Abb. 8.11: Gemessenes Profil optischer Weglängendifferenzen. Höhenlinienprojektion und quasi-dreidimensionale Darstellung. Nichtkonzentrische, geradlinige Elektroden. Drallzahl $S_{p,0} > 0.6$.

1. Zur Erzeugung des starken Dralls wurden die Leitbleche der Düse bis Punkt *D* in Abbildung 6.10 verlängert.

Die trotz Verwendung geradliniger Elektroden gut ausgeprägte Rotationssymmetrie zeigt den starken Drall. Die mittig zurückbleibende Phasenfront deutet ein Gebiet höherer optischer Dichte im Rohrachsenbereich an. Nach den Aussagen von Kapitel 6.2.2 ist bei starkem Drall, bedingt durch Zentrifugalkräfte, im rohrmittigen Bereich mit geringerer Axialgeschwindigkeit sowie geringerem Gasdruck zu rechnen. Beide Effekte würden zu einer mittigen Abnahme der optischen Dichte führen. Zentrifugalkräfte bewirken jedoch auch eine Entmischung des ternären Gasgemisches. Der Heliumanteil nimmt dann mit abnehmendem Radius zu, was dazu führt, daß die Gasentladung aus der Mitte verdrängt wird. Die daraus entstehende inhomogene Gastemperaturverteilung bestimmt die gemessene, mittig höhere optische Dichte.

Im Höhenlinienbild ist weiterhin eine radial abhängige Dralleinbringung festzustellen. Während die äußeren Strömungsschichten einen Verdrehwinkel von über 80° aufweisen, ist der rohrmittige Bereich gerade um 45° verdreht. Diese Drallausprägung ist eine Folge der Dralleinbringung über die verlängerten äußeren Leitbleche und der typischerweise kurzen Rohrlänge. Bei langen Rohren muß sich bei solch hohen Drallstärken ein Potentialwirbel ausbilden, d.h. das Gebiet mit der höchsten azimutalen Geschwindigkeitskomponente wandert von außen hin zur Rohrmitte.

## 8.2 Konzentrische, gewendelte Elektrodenformen

Im vorigen Kapitel wurde deutlich, daß die Verwendung einer geeigneten Drallströmung von Vorteil für die Homogenität der Temperaturverteilung in einer Gasentladungsstrecke ist und zu reduzierter Phasendeformation führt. Es ist daher mit weiteren Vorteilen zu rechnen, wenn von der geradlinigen Elektrodenform zu einer um das Entladungsrohr gewendelten übergegangen wird.

Diese ist besonders einfach herstellbar[1], wenn die Elektroden eine zum Entladungsrohr konzentrische Innenkontur aufweisen. Die Wendelung um 180° erscheint besonders geeignet, weil die Entladungsachse (von einer Elektrode zur anderen gerichtet) den Kreisquerschnitt des Entladungsrohres dabei gerade einmal überstreicht. Diese Rotationssymmetrie kann grundsätzlich nur bei Verwendung ganzzahliger Vielfacher von 180° erreicht werden, wobei bei den üblichen Entladungsgeometrien (siehe Kapitel 11) Wendelungen ab 360° [50] leicht zu unerwünschten, äußeren Bogenentladungen führen können. Abbildung 8.12 zeigt die eingesetzte Entladungskonfiguration.

1. zum Beispiel durch Ausschnitt aus einem geeigneten Metallrohr.

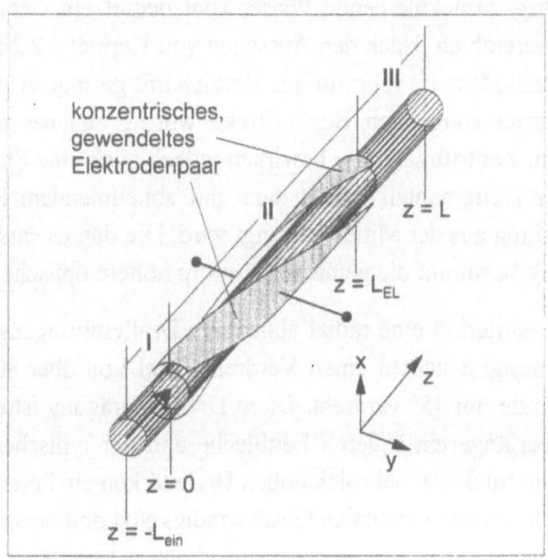


Abb. 8.12: Skizze der betrachteten Entladungskonfiguration. Entladungsrohr mit außen angebrachten konzentrischen, gewendelten Elektroden.

Die Elektrodenanordnung im Querschnitt sowie die für die Modellierung vereinfachte Leuchtdichte- und Temperaturverteilung sind in Abbildung 8.13 dargestellt. Ebenfalls skizziert sind die Elektrodenparameter. Die verwendeten Elektroden wurden experimentell hinsichtlich maximal einkoppelbarer Leistung optimiert und entsprechen im Querschnitt einem 1/4-Kreisausschnitt (90°). Dargestellt ist der mittlere Querschnitt aus Abbildung 8.12 bei $z = L_{EL}/2$, an dem auch die elektrische Kontaktierung erfolgt.

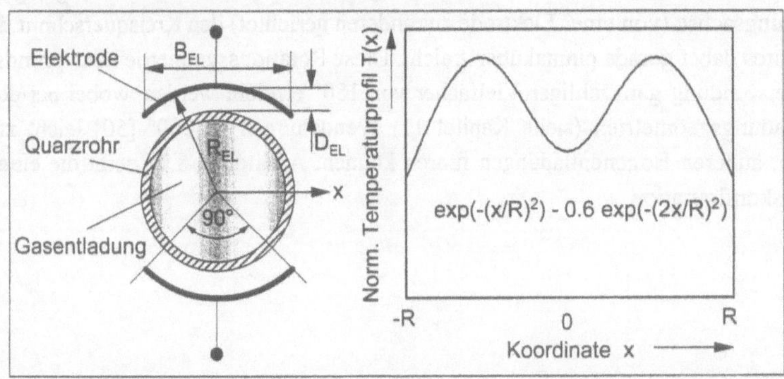


Abb. 8.13: Konzentrische Elektrodenanordnung im mittleren Querschnitt mit skizzierter Leuchtdichteverteilung und zugeordneter Temperaturverteilung.
Elektrodenparameter: 1/4-Kreisform, Breite $B_{EL} = 55$ mm,
Innenflächenradius $R_{EL} = 35$ mm und Luftspalt $D_{EL} = 10$ mm.

Die im Experiment zu beobachtende Leuchtdichteverteilung kann mit der folgenden Temperaturvariation modelliert[1] werden:

$$\Delta T(x,y) = C_3\left(e^{-\left(\frac{x}{R}\right)^2} - 0.6\, e^{-\left(2\frac{x}{R}\right)^2}\right). \tag{8.8}$$

Der Faktor $C_3$ stellt wieder die Wichtung des inhomogenen Anteils zum bereits berechneten homogenen Anteil der Phasendeformation dar, und die Parameter innerhalb der äußeren Klammer der Gleichung 8.8, *(R, 0.6, R/2)* können wieder durch Anpassung von Modellierung und Messung in einem bestimmten Entladungszustand gefunden werden. Für diese Anpassung wurden konzentrische, geradlinige Elektroden verwendet, welche jedoch sonst die Elektrodenparameter aus Abbildung 8.8 aufweisen. In dem in Abbildung 8.14 dargestellten Vergleich ist die qualitative Übereinstimmung der grundsätzlichen Charakteristika gut zu erkennen. Nur die maximale Phasendeformation ist wieder deutlich verschieden. In dieser Darstellung sind die Profile zur besseren Vergleichbarkeit auf gleiche Höhe skaliert.

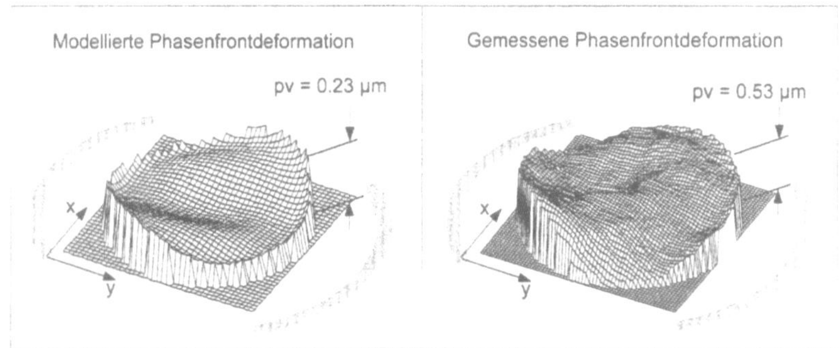


Abb. 8.14: Vergleich modellierter und gemessener Weglängendifferenzen in quasidreidimensionaler Darstellung. Konzentrische, geradlinige Elektroden. Drallzahl $S_{p,0} = 0.55$.

Es wird angenommen, daß die Temperaturvariation $\Delta T(x,y)$ von der gewendelten Elektrodenanordnung an jedem Ort $z = z_0$, im Bereich $0 \le z_0 \le L_{EL}$ um den Winkel $90° - (z_0/L_{EL})\,180°$ gegen das Koordinatensystem gedreht eingeprägt wird. Die Wendelung der Elektrode wird daher durch einen einfachen Zusatz in die Modellierung integriert. Für eine Wendelung in mathematisch negativem Sinn ist Gleichung 8.7 gemäß

$$\Omega_{We}(z) = \Omega(z) + 90° - \frac{z_0}{L_{EL}} 180° \tag{8.9}$$

1. Die Zulässigkeit dieser Temperaturverteilung wird in Kapitel 9 anhand einer Beschreibung der ablaufenden Entladungsvorgänge diskutiert

zu erweitern. In Gleichung 8.4 ist dann noch der Term $x^2$ durch $(x\cos\Omega_{We}(z) - y\sin\Omega_{We}(z))^2$ zu ersetzen.

In Modellierung und Messung wurden gewendelte Elektroden mit mathematisch negativem Drehsinn verwendet. Im Falle der drallfreien Rohrströmung wurde das in Abbildung 8.15 dargestellte Profil optischer Weglängendifferenzen berechnet. Das Profil zeigt Ähnlichkeiten zum modellierten Profil bei geradlinigen Elektroden und Drallströmung, Abbildung 8.8. Zwei rechtwinklig zueinander stehende Symmetrieachsen sind erkennbar. Auch die maximale optische Weglängendifferenz ist bei den gewendelten Elektroden mit $pv$ = 0.17 µm ungefähr gleich groß. Die konzentrischen Elektroden prägen jedoch mittig eine geringfügig zurückbleibende Phase ein.

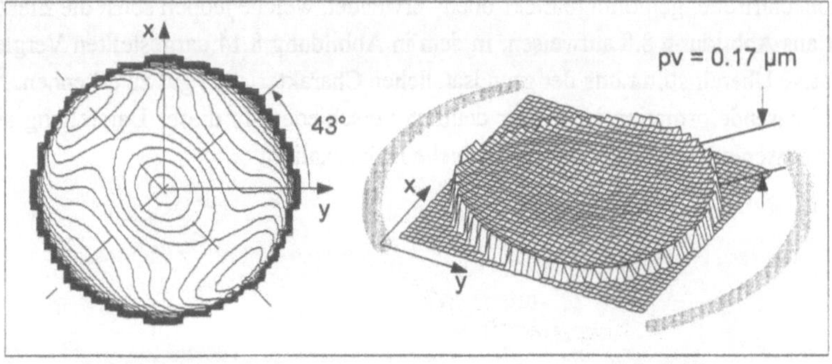


Abb. 8.15: Modelliertes Profil optischer Weglängendifferenzen $\overline{\Delta L_{HI}}$. Höhenlinienprojektion und quasi-dreidimensionale Darstellung. Konzentrische, negativ gewendelte Elektroden. Drallfrei.

Die korrespondierende interferometrische Messung ist in Abbildung 8.16 dargestellt. Die Symmetrieachsen sind kaum zu erkennen, das Profil ist auf vergleichsweise niedrigem Niveau $pv$ = 0.27 µm und von einer gewissen „Unruhe" geprägt.

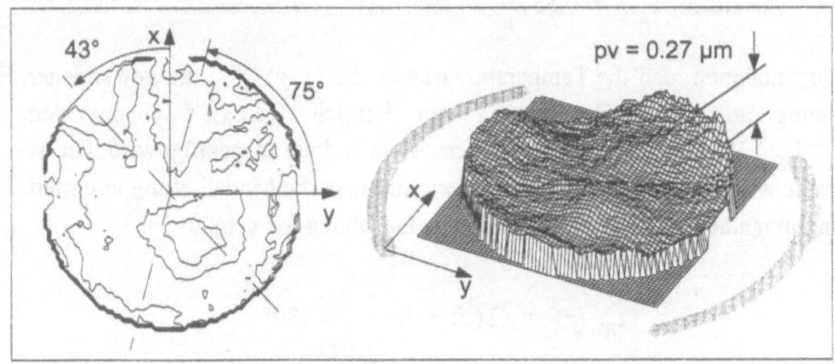


Abb. 8.16: Gemessenes Profil optischer Weglängendifferenzen. Höhenlinienprojektion und quasi-dreidimensionale Darstellung. Konzentrische, negativ gewendelte Elektroden. Drallfrei.

Die Verwendung gewendelter Elektroden ist noch vorteilhafter, wenn eine Drallströmung eingesetzt wird, deren Orientierung derjenigen der Elektroden entgegengesetzt gerichtet ist. In diesem Fall ergibt die Rechnung eine Phasendeformation (Abbildung 8.17) auf sehr niedrigem Niveau $pv = 0.10\ \mu m$ sowie eine gut ausgebildete Rotationssymmetrie. In der Höhenlinienprojektion sind allenfalls ansatzweise Symmetrieachsen erkennbar, die weitgehend mit der $x$- und $y$-Achse identisch sind. Die typische mittig schwach zurückbleibende Phase ist ähnlich der in Abbildung 8.15.

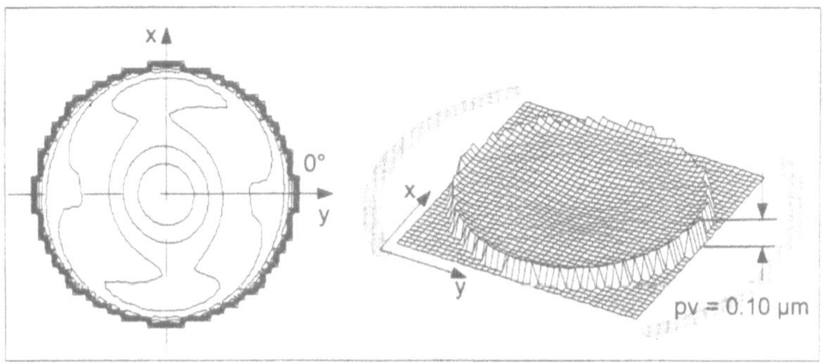


Abb. 8.17: Modelliertes Profil optischer Weglängendifferenzen $\overline{\Delta L_{HI}}$. Höhenlinienprojektion und quasi-dreidimensionale Darstellung. Konzentrische, negativ gewendelte Elektroden. Drallzahl $S_{p,0} = 0.55$.

Das zugehörige gemessene Profil optischer Weglängendifferenzen in Abbildung 8.18 weist die gleichen charakteristischen Merkmale auf. Bei guter Rotationssymmetrie ist die gemessene maximale Deformation $pv = 0.23\ \mu m$ unter allen hier verglichenen Meßbildern minimal. In der Höhenlinienprojektion sind die Symmetrieachsen schwer zu erkennen. Das Profil ist „ruhiger" als bei Drallfreiheit (Abbildung 8.16).

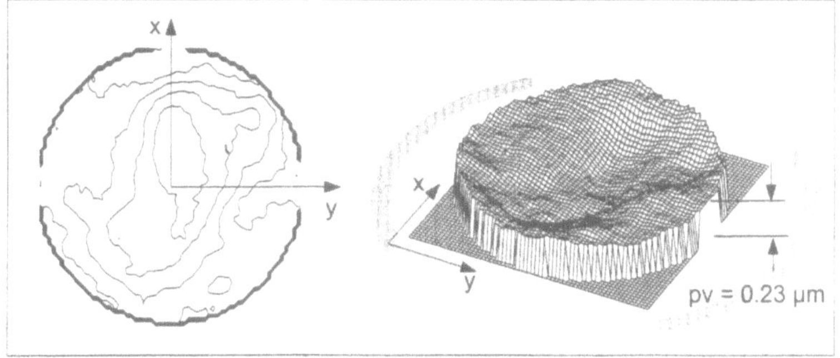


Abb. 8.18: Gemessenes Profil optischer Weglängendifferenzen. Höhenlinienprojektion und quasi-dreidimensionale Darstellung. Konzentrische, negativ gewendelte Elektroden. Drallzahl $S_{p,0} = 0.55$.

Wird die Orientierung der Drallströmung gleich dem Drehsinn der Wendelelektroden gewählt, erhöht sich die berechnete Phasenfrontdeformation wieder. In Abbildung 8.19 ist ein Profil dargestellt, das wieder Ähnlichkeiten zur modellierten Phasendeformation bei geradlinigen Elektroden und Drallströmung (Abbildung 8.8) zeigt. Die Profile weisen ähnliche maximale Phasendeformationen auf. Lediglich die Verdrehwinkel sind verschieden, und die konzentrischen Elektroden prägen wiederum mittig eine Vertiefung ein.

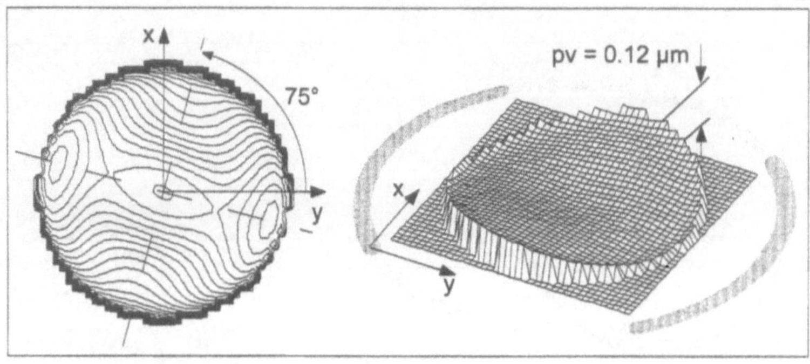


Abb. 8.19: Modelliertes Profil optischer Weglängendifferenzen $\overline{\Delta L_{HI}}$. Höhenlinienprojektion und quasi-dreidimensionale Darstellung. Konzentrische, negativ gewendelte Elektroden. Drallzahl $S_{p,0} = -0.55$.

Das zugehörige interferometrisch gemessene Profil in Abbildung 8.20 zeigt eine große Unruhe. Dadurch ist die Ähnlichkeit zum modellierten Profil kaum zu erkennen. An der Position der Vertiefungen läßt sich eine Diskrepanz der Verdrehwinkel um 27° erkennen.

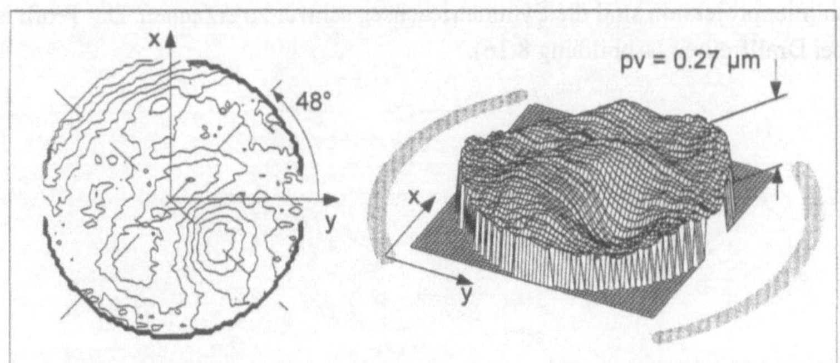


Abb. 8.20: Gemessenes Profil optischer Weglängendifferenzen. Höhenlinienprojektion und quasi-dreidimensionale Darstellung. Konzentrische, negativ gewendelte Elektroden. Drallzahl $S_{p,0} = -0.55$.

Wie bei den nichtkonzentrischen, geradlinigen Elektroden kann auch bei den konzentrischen, negativ gewendelten Elektroden die Simulation dazu genutzt werden, die maximalen optischen Weglängendifferenzen *pv* in Abhängigkeit von der Drallzahl einfach und in einem großen

Bereich zu berechnen. Diese sind im Vergleich zu vier gemessenen Maximaldeformationen in Abbildung 8.21 dargestellt.

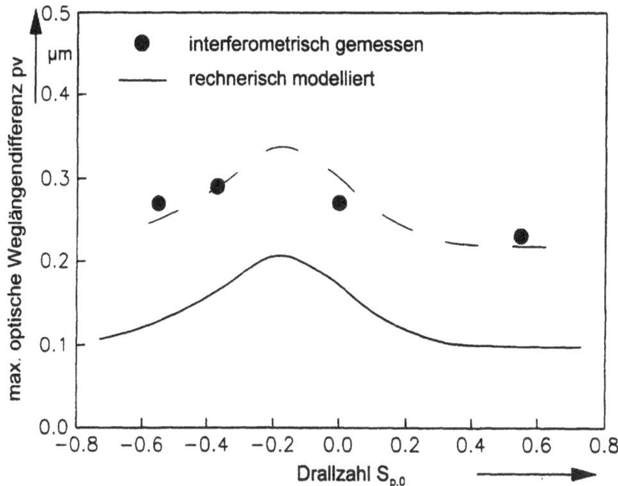


Abb. 8.21: Vergleich der interferometrisch gemessenen und rechnerisch modellierten maximalen optischen Weglängendifferenzen bei einer Anregung mit konzentrischen Wendelelektroden in Abhängigkeit von der Drallzahl.

Wie in Abbildung 8.9 ist auch hier der Verlauf der Kurven ähnlich. Die im Vergleich zu hohen Meßwerte sind, wie bereits diskutiert, insbesondere eine Folge der geringen Anzahl an Meßbildern. In Simulation und Messung ist zu erkennen, daß bei der Verwendung von gewendelten Elektroden der Orientierung der Drallströmung eine große Bedeutung zukommt. Die Phasendeformation wird dann maximal, wenn die Steigung der Elektroden und der Drallströmung[1] ungefähr gleich ist. Dies ist bei $S_{p,0} \approx -0.2$ der Fall. Dagegen weist die modellierte Deformationskurve im Bereich $S_{p,0} \geq 0.3$ ein Minimum und zugleich eine vernachlässigbare Abhängigkeit von der Drallzahl auf.

Die „ruhigen" gemessenen Deformationsprofile bei gegengerichtetem Drall, die über die Drallfreiheit hin zum gleichgerichteten Drall zunehmend „unruhiger" werden, zeigen die Auswirkungen einer steigenden Filamentierung der jeweiligen Entladungen auf die Gasdichteverteilung an. Diese ausführlich in Kapitel 9 behandelten Entladungsinstabilitäten sind nicht in den simulierten Deformationsprofilen berücksichtigt.

Im direkten Vergleich der von den zwei bisher behandelten Elektrodengeometrien produzierten Weglängendifferenzen (Abbildung 8.22) können die Vorteile gewendelter gegenüber geradlinigen Elektroden zusammengefaßt dargestellt werden.

1. Die „Steigung" der Drallströmung ist dabei natürlich, und im Gegensatz zur hier eingesetzten Elektrodensteigung, im Verlauf der Strömung nicht konstant, sondern monoton fallend.

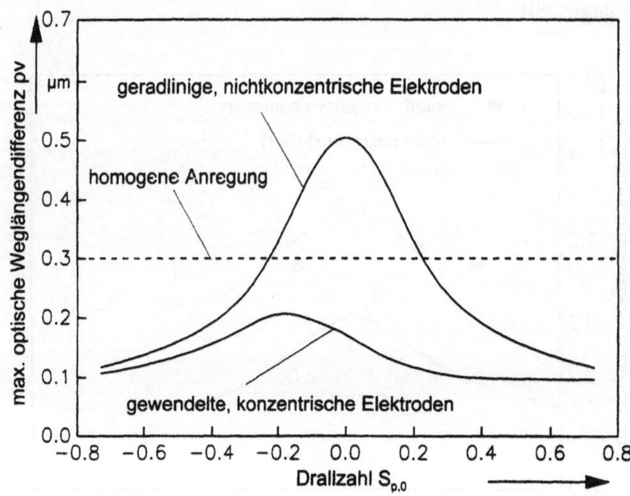


Abb. 8.22: Vergleich der rechnerisch modellierten, maximalen optischen Weglängendifferenzen bei Verwendung verschiedener Elektrodengeometrien.

Bei den gewendelten Elektroden ist die Phasendeformation im ganzen Drallzahlbereich deutlich kleiner als bei geradlinigen, nichtkonzentrischen Elektroden oder sogar bei „ideal" homogener Anregung. Wenn die Elektrodenrichtung gegen die Gasströmung orientiert ist, wird die Phasendeformation minimal und ist von hoher Rotationssymmetrie. Interessant und wichtig ist hierbei die Tatsache, daß die gewendelten Elektroden minimale Phasendeformationen in einem breiten Drallzahlbereich erreichen, in dem nach Kapitel 6.2.2 die empfohlene Wirbelkernströmung dominiert. Dieser optimale und breite Drallzahlbereich, in dem nahezu keine Abhängigkeit von der Drallzahl vorliegt, macht es dem Anwender einfach, die Entladungsstrecke auszulegen. Eine genaue Kenntnis der vorliegenden Drallströmung ist dann nämlich nicht nötig.

Die geradlinigen Elektroden produzieren hingegen einerseits die höchste Phasendeformation, andererseits ist auch deren Abhängigkeit von der Drallzahl maximal. Diese Elektroden sollten – wenn überhaupt – nur eingesetzt werden, wenn drallfreie Rohrströmungen zweifelsfrei ausgeschlossen werden können. Ein Vergleich mit der bei homogener Anregung produzierten maximalen Phasendeformation zeigt, daß mit den geradlinigen Elektroden erst ab Drallzahlen $|S_{p,0}| > 0.25$ geringere Phasendeformationen möglich sind.

Mit Hilfe der vorgestellten Modellierung der Phasendeformation ist es auch möglich, die Phasendeformation bei Anwesenheit eines Strahlungsfeldes abzuschätzen. Für diese nicht mehr leicht meßbaren Deformationsprofile müssen die Verläufe der thermodynamischen Größen entsprechend Kapitel 3.4 neu berechnet und die Schlußfolgerungen von Kapitel 3.3.3 berücksichtigt werden. Mit den so gewonnenen Phasenprofilen ist dann der in Abbildung 8.23 gezeigte direkte Vergleich zum stahlungsfeldfreien Fall möglich.

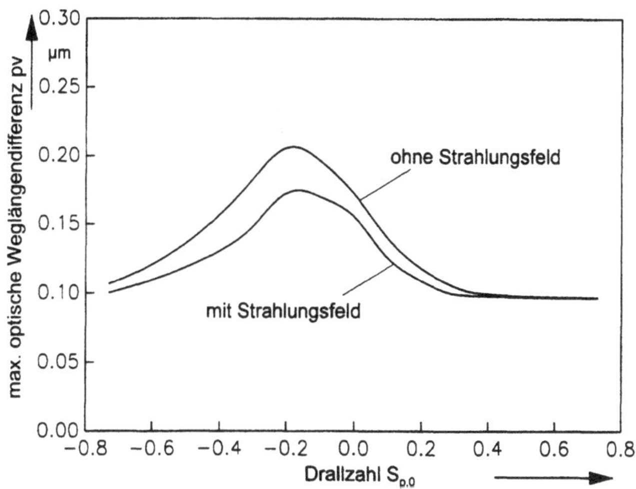


Abb. 8.23: Vergleich der rechnerisch modellierten maximalen optischen Weglängendifferenzen bei Verwendung konzentrischer, gewendelter Elektroden mit und ohne Strahlungsfeld.

Die Kurve „mit Strahlungsfeld“ verläuft bei vergleichsweise geringeren Werten, weil ein Entladungswirkungsgrad von 20 % angenommen wurde und die im Gas deponierte Verlustleistung deshalb lediglich 16 kW beträgt. Die Verläufe der zwei Kurven sind sonst weitgehend ähnlich, nur die zwei Maxima sind leicht gegeneinander verschoben. Ein direkter Vergleich der jeweils berechneten Phasenprofile zeigt deshalb auch keine erheblichen Unterschiede, und es kann geschlossen werden, daß die strahlungsfeldfreien Messungen auch für den Fall eines vorliegenden Strahlungsfeldes relevante Ergebnisse liefern.

An dieser Stelle muß noch einmal an die modellierte Phasendeformation im Falle einer homogenen Anregung in Abbildung 8.3 erinnert werden. Das dort gezeigte konkave Profil basiert ausschließlich auf der rohreinlaufgeprägten Temperaturverteilung. Die zwei bisher gezeigten Entladungskonfigurationen wurden bewußt in der Absicht ausgewählt, das konkave Profil so gut als möglich zu kompensieren und damit die bei der homogenen Entladung rechnerisch herrschende maximale optische Weglängendifferenz von 0.3 µm zu reduzieren.

Die geradlinige Elektrodenform hat dabei den Vorteil der Nichtkonzentrizität. Das so in jedem Querschnitt eingeprägte Temperaturprofil (siehe Abbildung 8.5) ist in der senkrecht zur Richtung des elektrischen Feldes stehenden $x$-Achse für diese Kompensation optimiert. In der dazu senkrechten $y$-Achse ist das nicht möglich. Es wurde gezeigt, daß diese Abweichung von der Rotationssymmetrie durch geeignete Drallströmungen reduziert werden kann.

Die gewendelte Elektrodenform dagegen weist den Nachteil der Konzentrizität auf. Das Temperaturprofil ist in der Achse parallel wie auch senkrecht zur Elektrodenverbindungslinie für Kompensationszwecke weniger gut geeignet. Die dennoch deutliche Kompensation wird durch die Kombination von Drallströmung und gegengerichteter Elektrodenwendelung erreicht. Die so erzielte quasi-Verdopplung des relativen Dralls, verglichen mit der geradlinigen Elektrode, produziert eine sehr gute Rotationssymmetrie.

Deswegen ist es naheliegend, die beiden individuellen Vorteile zu kombinieren und nichtkonzentrische, gewendelte Elektroden zu realisieren.

## 8.3 Nichtkonzentrische, gewendelte Elektrodenformen

Ein nichtkonzentrisches, gewendeltes Elektrodensystem ist in Abbildung 8.24 dargestellt. Es ist nicht mehr durch einfachen Ausschnitt aus einem metallischen Rohr herzustellen. Diese korkenzieherartigen Elektrodenformen können jedoch beispielsweise aus gefrästen Einzelsegmenten aufgebaut oder in einer Prägeform gefertigt werden.

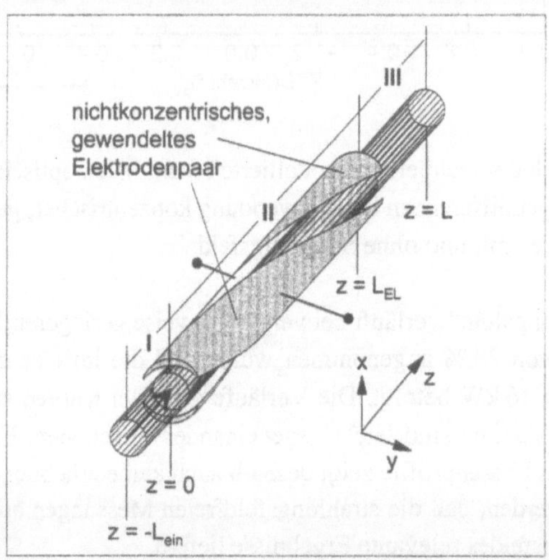


Abb. 8.24: Skizze der betrachteten Entladungskonfiguration. Entladungsrohr mit außen angebrachten nichtkonzentrischen, gewendelten Elektroden.

Diese nichtkonzentrischen, gewendelten Elektroden können nicht direkt mit den nichtkonzentrischen, geradlinigen Elektroden verglichen werden, weil der Betriebsbereich der nichtkonzentrischen, geradlinigen Elektroden bereits bei 21 kW endet, während derjenige der nichtkonzentrischen, gewendelten erst bei höheren Leistungen beginnt. Deshalb konnten lediglich die beiden gewendelten Elektroden einer Testreihe (Abbildung 8.25) unterzogen werden. Die Drallzahl $S_{p,0} = 0.55$ (gegengerichtete Drallströmung) wurde dabei konstant gehalten.

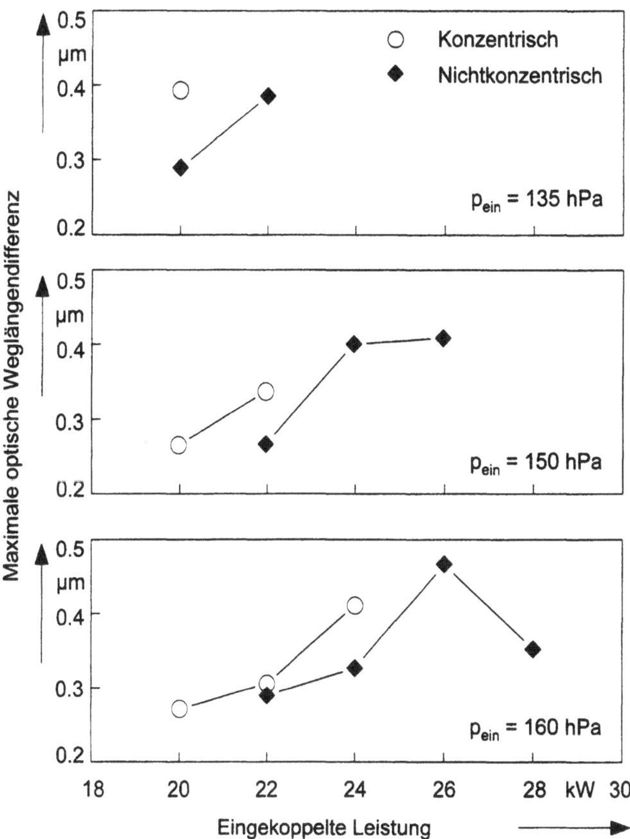


Abb. 8.25: Vergleich der gewendelten Elektrodensysteme bei verschiedenen Eingangsdrücken und Leistungen.

Der Einströmgasdruck sowie die eingekoppelte Leistung wurden variiert und die Phasendeformation gemessen, während die Leistungsaufnahme der installierten Umwälzgebläse konstant gehalten wurde. Somit wurde auch die Ausströmmachzahl mit $Ma \approx 0.7$ annähernd konstant gehalten. Durch die letztgenannte Maßnahme ist die Meßreihe repräsentativ und realitätsnah für einen Anwender der zwischen den zwei Elektrodensystemen wechseln will. Der Gasmassenfluß variierte im Bereich $14.3\ \text{g/s} \ldots 17.3\ \text{g/s}$. Er steigt bei gleicher eingekoppelter Leistung mit dem Eingangsdruck und fällt bei gleichem Eingangsdruck mit steigender Leistung. Dabei steigt auch die Ausströmtemperatur von 750 K auf 850 K.

In Abbildung 8.25 ist bei beiden Elektrodenformen und allen Druckniveaus erkennbar, daß die Phasendeformation mit der eingekoppelten Leistung steigt. Lediglich bei hohen Leistungen und Drücken geht der $pv$-Wert bei Verwendung der nichtkonzentrischen Form wieder zu kleineren Werten. Für beide Elektroden gilt weiter, daß mit steigendem Gasdruck die einkoppelbare Leistung steigt (siehe hierzu auch Abbildung 9.7).

Für die drei Drücke unterscheiden sich die Ergebnisse der beiden Elektrodenformen in den folgenden wesentlichen Punkten:

- Bei gleichen eingekoppelten Leistungen liegt die produzierte maximale Phasendeformation bei den nichtkonzentrischen Elektroden um ca. 20 % niedriger.
- Die nichtkonzentrischen Elektroden weisen die gleiche maximale Phasendeformation wie die konzentrischen erst bei ca. 10 % höheren Leistungen auf.
- Die von den nichtkonzentrischen Elektroden erreichten Maximalleistungen liegen um mehr als 10 % über denjenigen der konzentrischen[1].

Das modellierte sowie das gemessene Profil optischer Weglängendifferenzen bei 28 kW und 160 hPa ist in Abbildung 8.26 dargestellt. Der Verdrehwinkel ist bei Simulation und Messung annähernd gleich. Wegen der anderen Strömungsverhältnisse ist hier eine leichte Abweichung von der Rotationssymmetrie gegenüber den in den Abbildungen 8.17 und 8.18 abgebildeten Profilen zu erkennen.

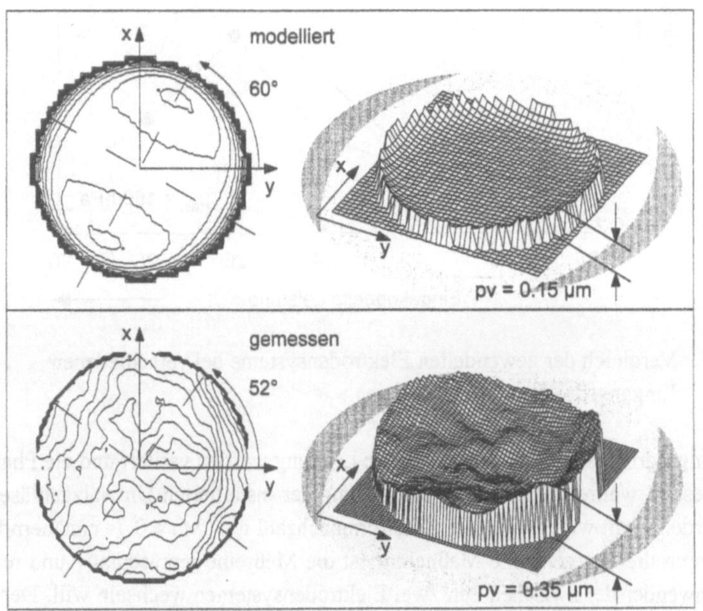


Abb. 8.26: Modelliertes (oben) und gemessenes (unten) Profil optischer Weglängendifferenzen bei nichtkonzentrischen, negativ gewendelten Elektroden. Drallzahl $S_{p,0}$ = 0.55 ; eingekoppelte Leistung 28 kW; Eingangsdruck 160 hPa.

1. Die verschiedenen Leistungsbereiche der Elektrodenformen sind Gegenstand von Kapitel 9.2.4.

Diese Ergebnisse machen bereits deutlich, daß Entladungskonfigurationen, die besonders geringe Phasendeformationen produzieren, auch bei höheren Leistungen und/oder Drücken betrieben werden können. In Kapitel 9 soll dieses Verhalten genauer untersucht werden.

**Andere Elektrodenformen.**

Bei dem gezeigten Vergleich von Elektrodenformen fällt auf, daß keine direkt auf dem Quarzrohr aufliegenden Elektroden betrachtet wurden. Diese immer noch vielfach eingesetzten Elektrodensysteme lassen wegen dem fehlenden, die Entladung stabilisierenden Luftspalt nur geringe einkoppelbare Leistungen zu. Bei den gezeigten Entladungsrohrabmessungen liegt die maximal einkoppelbare Leistung unterhalb von 5 kW. Eine genauere Analyse findet sich in [47].

## 8.4 Kurzfassung der wichtigsten Ergebnisse

In diesem Kapitel wurde eine Simulationsrechnung präsentiert, die es grundsätzlich erlaubt, die Gasdichteverteilung in schnellgeströmten Gasentladungsstrecken in Abhängigkeit von Strömungs- und Elektrodengestaltung abzuschätzen. Im Vergleich mit korrespondierenden interferometrischen Messungen konnte die Leistungsfähigkeit der Simulation bestätigt werden.

Dieses – aus Messung und Simulation bestehende – Instrumentarium wurde dann für eine Optimierung von Strömungs- und Elektrodengestaltung hinsichtlich geringster Phasendeformation genutzt. Die damit gleichbedeutende hohe optische Qualität der Entladungsstrecke wird erreicht, wenn die Einkopplung der elektrischen Leistung so gestaltet wird, daß die rohreinlaufgeprägte radiale Temperaturverteilung (siehe Kapitel 5) so gut als möglich kompensiert wird.

Der Bereich des schwachen Dralls ist für alle Elektrodensysteme optimal. Ein Vergleich der zwei aus fertigungstechnischer Sicht gleich aufwendigen Elektrodenformen, nichtkonzentrisch, geradlinig und konzentrisch, gewendelt, zeigt, daß vorzugsweise die letztere eingesetzt werden sollte. Wenn diese gewendelte Elektrodenform mit einer gegengerichteten schwachen Drallströmung kombiniert wird, weist die verbleibende Phasendeformation hohe Rotationssymmetrie bei geringer Amplitude auf.

Bei gleichen Entladungsbedingungen können weitere Verringerungen der Phasenamplitude erreicht werden, wenn geeignete nichtkonzentrische, gewendelte Elektrodenformen eingesetzt werden. Im Vergleich zur konzentrischen, gewendelten Form werden so auch bei höheren Leistungsdichten erst die gleichen Phasendeformationen erzielt.

# 9 Betriebsbereiche von Gasentladungen

In diesem Kapitel wird zunächst das hier untersuchte Entladungsregime diskutiert und die Rechtfertigung für die in Kapitel 8 angenommenen Temperaturverteilungen gegeben. Anschließend werden in einer Analyse der Entladungsstabilität Betriebsbereiche verschiedener Entladungskonfigurationen erfaßt und damit ähnlich der Vorgehensweise von Kapitel 8 eine Rangordnung der Eignung zur Erzeugung des laseraktiven Mediums aufgestellt.

## 9.1 Bemerkungen zur Gasentladungsphysik

In der Fachliteratur fallen die in dieser Arbeit untersuchten Gasentladungen in die Kategorie „kapazitiv gekoppelte Hochfrequenzentladung im mittleren Druckbereich“ [51]. Wegen der außerhalb des Quarzrohres angebrachten und deshalb isolierten Elektroden wird auch von elektrodenlosen oder auch indirekten Entladungen gesprochen. Die elektrische Leistung wird der Entladungskonfiguration bei den Industriefrequenzen 13.6 MHz bzw. 27.2 MHz zugeführt, weshalb von Hochfrequenz gesprochen wird. Das in einer möglichst homogen angeregten Glimmentladung produzierte Plasma ist schwach ionisiert (Ionisationsgrad $N_e/N \approx 10^{-7}$ [1], [52]) und befindet sich im Nichtgleichgewicht, denn die Elektronentemperatur ist um mehr als eine Größenordnung höher als die der Gasteilchen.

Levitsky hat in [53] erstmals dargelegt, daß diese Entladungskategorie in zwei grundsätzlich verschiedenen Modi betrieben werden kann: als Niederstromentladung (auch: $\alpha$-Entladung) und als Hochstromentladung (auch: $\gamma$-Entladung). Die charakteristischen Eigenschaften dieser zwei Entladungsklassen wurden von N. A. Yatsenko seit 1978 (z.B.: [54]) ausführlich studiert und sind nachfolgend stichwortartig zusammengefaßt:

**$\alpha$-Entladung.**
Die $\alpha$-Entladung ist vergleichbar mit einer Mittelfrequenzentladung. Eine schwach leuchtende Plasmasäule wird durch jeweils zwei Dunkelräume von den Elektroden oder den davor liegenden Dielektrika abgetrennt. In diesen zwei elektrodennahen Schichten herrscht eine allenfalls geringe Ladungsträgerdichte und der Strom wird von einem reinen Verschiebungsstrom getragen. Daher tritt kein Leistungsverlust in den Grenzschichten auf.

Wird bei unveränderter Gasmischung und einem bestimmten Dielektrikum entweder das Produkt aus Gasdruck und Entladungslänge $p \cdot d$ oder die zugeführte elektrische Leistungsdichte über einen kritischen Wert erhöht, schlägt diese $\alpha$-in eine $\gamma$-Entladung um.

**$\gamma$-Entladung.**
Die $\gamma$-Entladung ist vergleichbar mit einer Gleichstromentladung. Bei Anregungsfrequenzen größer 1 MHz kann das negative Glimmlicht nicht „zerfallen“, so daß beidseitig der positiven Plasmasäule, in spektraler Emission und Struktur, die typischen Gebiete einer Gleichstrom-Kathodenregion vorherrschen. Die Dielektrika bzw. Elektroden wirken als Kathode, Elektronen werden durch Sekundärelektronenemission freigesetzt, und es tritt eine Ionisationsvervielfachung auf. Die so verursachte hohe Leitfähigkeit in den elektrodennahen Gebieten

(elektrische Grenzschichten) bewirkt, daß die Stromstärke die der $\alpha$-Entladung um ungefähr eine Größenordnung übersteigt. In den Grenzschichten fließen Verschiebungs- und Wirkströme, das heißt, eine Leistungsdissipation findet statt.

Für Hochleistungslaser wäre es wünschenswert, den Betriebsbereich der verlustarmen $\alpha$-Entladung bis auf die höheren Leistungsdichten von $\gamma$-Entladungen auszuweiten. Nach [55] ist das grundsätzlich möglich, wenn die effektive Dicke des Dielektrikums $d_{Di} = \sum d_{Di}^{i}/\varepsilon_r^{i}$ die Dicke der Grenzschicht im $\alpha$-Regime $v_{dr}/\omega$, mit $v_{dr}/\omega \ll R$, deutlich übersteigt. Dabei ist $v_{dr}$ die Driftgeschwindigkeit von Elektronen in der Plasmasäule und $\omega$ die anliegende Anregungskreisfrequenz. Dann erfolgt kein sprunghaftes Umschalten von $\alpha$- nach $\gamma$-Entladungen mehr, der Übergang ist vielmehr zunehmend kontinuierlich, und die Stromdichte in der Grenzschicht kann, auch wenn die Leuchterscheinung bereits auf eine vorliegende $\gamma$-Entladung schließen läßt, begrenzt werden.

Eine Erklärung dieses Verhaltens liegt in der unterschiedlichen Bedeutung des Dielektrikums und der Grenzschicht für die Entladungsstabilität. Für die Plasmasäule ist das Dielektrikum wegen seiner fallenden Spannung-Strom-Kennlinie ein verlustloses Ballastelement und dient somit der Stabilisierung der Entladung. Die hohe Leitfähigkeit der Grenzschicht in einer $\gamma$-Entladung gegenüber derjenigen des Plasmas mindert dagegen diese stabilisierende Wirkung.

Bei den hier behandelten Entladungen besteht die effektive Dicke des Dielektrikums $d_{Di} = d_{Luft}/\varepsilon_{r,Luft} + d_{Quarz}/\varepsilon_{r,Quarz} = 10\ \text{mm} + 0.4\ \text{mm}$ hauptsächlich aus dem Beitrag der trockenen Luft zwischen Elektrode und Quarzrohr. Die Dielektrikumsdicke übersteigt also bei einer typischen Driftgeschwindigkeit von $v_{dr} = 50\ \text{mm/µs}$ [56] und bei einer Anregungsfrequenz von 27 MHz die Grenzschichtdicke der $\alpha$-Entladung um den Faktor 35. Im weiteren wird deshalb die hier untersuchte Gasentladung als *dielektrisch behinderte $\gamma$-Entladung* bezeichnet.

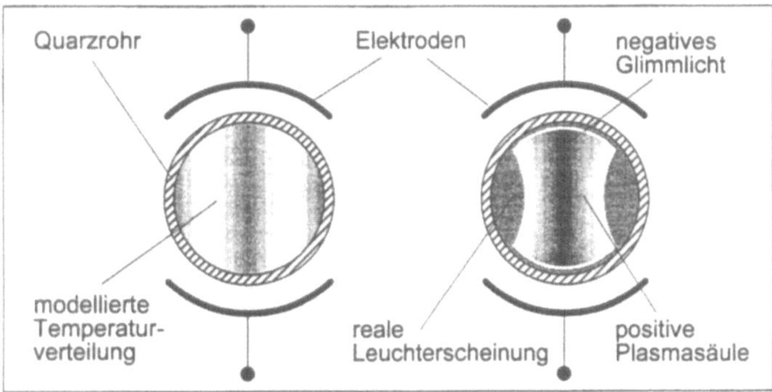


Abb. 9.1: Reale Leuchterscheinung (rechts) in einem Rohrquerschnitt bei Verwendung konzentrischer Elektroden sowie die zugehörige Annahme der Temperaturverteilung (links).

Die visuell erkennbare Leuchterscheinung in einem Querschnitt der Gasentladung bei Anregung mit konzentrischen Elektroden ist in Abbildung 9.1 rechts skizziert. In den elektrodennahen Gebieten ist zwischen einer Dunkelschicht und dem Plasma das schmale, hell leuchtende negative Glimmlicht erkennbar. Links ist zum Vergleich die für die Modellierung angenommene einfache Temperaturverteilung in diesem Querschnitt (siehe auch: Abbildung 8.13) dargestellt. Das negative Glimmlicht, die Taille des Plasmas sowie die abrupten äußeren Plasmagrenzen sind nicht berücksichtigt. Die zwei letztgenannten Unterschiedsmerkmale sind wenig bedeutsam, weil die mit der rechts dargestellten Leuchtverteilung korrelierte reale Temperaturverteilung in kurzer Zeit durch Wärmeleitungsvorgänge in die links skizzierte modellierte Temperaturverteilung übergeht.

Das sichtbare schmale Glimmlicht trägt nur unwesentlich zur Temperaturentwicklung im Gas bei. Dies kann daran ersehen werden, daß die ohne Berücksichtigung des Glimmlichts modellierten und die gemessenen Phasendeformationen in Kapitel 8 in ihren Grundzügen gut übereinstimmen. Es kann daher davon ausgegangen werden, daß die strombegrenzende Wirkung des Dielektrikums, wie oben beschrieben, überwiegt. Diese Ausführungen gelten natürlich gleichermaßen für die nichtkonzentrischen Elektroden.

In der Literatur ist oftmals von heißen, elektrodennahen elektronischen Grenzschichten ([57],[58],[59],[60],[37]) die Rede. Diese Grenzschicht ist sicher relevant für echte $\gamma$-Entladungen. Bei Entladungen in einem Parameterfeld ähnlich dem hier gezeigten handelt es sich nach Meinung des Autors bei diesen Grenzschichten allerdings vielmehr um die nicht kompensierte Temperaturverteilung, die von geradlinigen Elektroden bei nahezu drallfreien Strömungen in Richtung des elektrischen Feldes produziert wird.

## 9.2 Analyse der Betriebsbereiche von Gasentladungen

Der Betriebsbereich von Gasentladungen ist begrenzt durch Entladungsinstabilitäten und durch maximal mögliche Gasmassenflüsse. Im folgenden werden die Abgrenzungen im Detail diskutiert.

### 9.2.1 Begrenzung durch Normalstromeffekt und Filamentierungsgrad

Bei der Entwicklung von Hochleistungslasern ist die Vermeidung von thermischen Entladungsinstabilitäten eine vorrangige Aufgabe. Diese von Nighan gründlich untersuchten Instabilitäten [61] sind lokal begrenzte und in Richtung des elektrischen Feldes ausgerichtete Entladungsfilamente, also Kanäle höherer Elektronen- und Stromdichte. Sie werden von kleinen Störungen der Gasdichte initiiert und wandern dann mit dem Gas in Strömungsrichtung weiter. Die Filamentierung einer Gasentladung führt wegen der nicht unerheblichen Leistungsaufnahme zu einem sinkendem Wirkungsgrad für die Lasertätigkeit sowie wegen der lokalen Temperaturgradienten auch zu sinkender Homogenität des laseraktiven Mediums und ist daher unerwünscht.

Für die Analyse der Entladungsstabilität wurde das in [20] im Detail geschilderte statistische Zähl-Verfahren eingesetzt: Die Glimmentladung wurde in Strömungsrichtung auf eine kurz belichtete (10 µs) CCD-Kamera mit besonderer Empfindlichkeit im ultravioletten Bereich abgebildet. Die von der Kamera gelieferten 25 Vollbilder je Sekunde wurden mit einem handelsüblichen Videorecorder aufgezeichnet. Aus dem mittleren Quotienten Filament pro Bild wurde dann der Quotient Filament pro Zeiteinheit berechnet. Bei einer bestimmten eingekoppelten Leistung wurde der Massenfluß von hohen Werten her kommend reduziert, bis der Filamentierungsgrad genau 1 Filament/ms betrug. Mit dem bloßen Auge gesehen wirkt die Glimmentladung bei diesem geringen Filamentierungsgrad, auch in Strömungsrichtung gesehen, völlig ruhig und stabil. Er wurde willkürlich wegen der guten Reproduzierbarkeit gewählt und stellt hier nicht die absolute Betriebsgrenze der Gasentladungen dar, sondern dient dem Relativvergleich der verschiedenen Entladungskonfigurationen.

In Abbildung 9.2 ist das bereits in Abbildung 3.6 gezeigte, berechnete Schaubild Leistung über Massenfluß mit den Kurven konstanter Maximaltemperatur und Ausström-*Mach*-Zahl wieder aufgegriffen. Die eingezeichneten Symbole repräsentieren die gemessenen Leistung/Massenfluß-Kombinationen, bei denen die konzentrischen, gewendelten Elektroden bei der Drallzahl $S_{p,0}$ = 0.38 und dem Einströmdruck 145 hPa einen Filamentierungsgrad von 1 Filament/ms produzieren. Dieser steigt mit steigender Leistung und sinkendem Massenfluß, d.h. im Bereich links und oben von den Symbolen in Abbildung 9.2 ist die Entladung per Definition instabil, rechts und unten ist sie stabil.

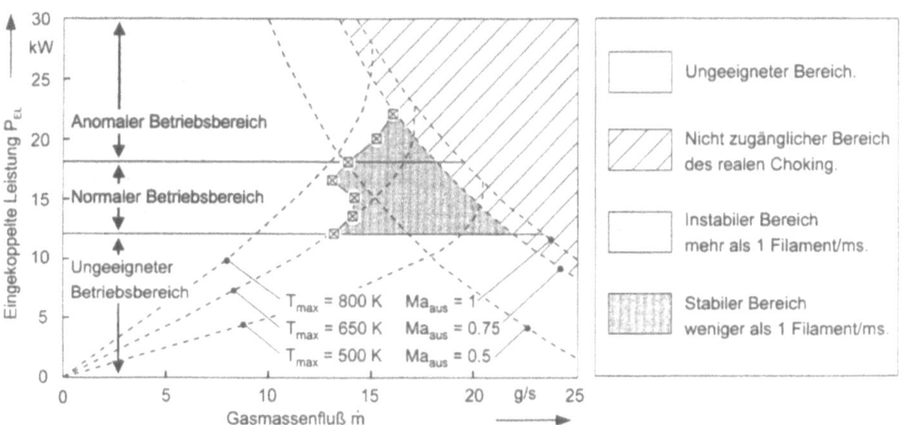


Abb. 9.2: Betriebsbereiche der Entladungskonfiguration: konzentrische, gewendelte Elektroden, Drallzahl $S_{p,0}$ = 0.38, Einströmdruck 145 hPa. Die Symbole repräsentieren den Filamentierungsgrad 1 Filament/ms. Erläuterungen im Text.

Die Koordinatenachse der eingekoppelten Leistung ist dreigeteilt. Von 0 W bis ungefähr 12500 W erstreckt sich ein *ungeeigneter Betriebsbereich*. Die Entladung kann in diesem Bereich gezündet werden, flackert jedoch zu stark für eine verläßliche Filamentierungsuntersuchung. An diesen Bereich schließt sich von 12500 W bis 18000 W der Bereich des sogenannten *Normalstromes* [51] an. Die Gasentladung brennt visuell ruhig, jedoch nur im (in Strömungsrichtung) hinteren Bereich und bedeckt somit nicht die gesamte Elektrodenfläche. Eine Erhöhung des elektrischen Stromes bewirkt, daß die Gasentladung bei konstanter Stromdichte lediglich ein größeres Volumen ausfüllt, d.h. stromauf wächst. Wenn die Gasentladung schließlich die Elektrodenflächen vollständig abdeckt und deshalb nicht weiter wachsen kann, führt eine weitere Stromerhöhung auch zu einer Steigerung der Stromdichte. Dieser Bereich, der sich ab 18000 W erstreckt, wird aus historischen Gründen als *Anomaler Betriebsbereich* bezeichnet. Diese Bezeichnung ist hier jedoch leider unglücklich, weil insbesondere dieser Bereich für den Einsatz in einem Gaslaser geeignet ist. Die Grenzlinie zwischen normalem und anomalem Bereich bei 18000 W ist in dem betrachteten Massenflußbereich zwischen 12 – 18 g/s weitgehend unabhängig vom Massenfluß.

Der Verlauf des konstanten Filamentierungsgrads von 1 Filament/ms bestätigt die Aussage [33], daß der normale Leistungsbereich generell eine geringere Entladungsstabilität zuläßt als der anomale.

Die eingezeichneten Symbole enden bei der Ausström-*Mach*-Zahl 0.75 und stoßen an einen Bereich, der als nicht zugänglicher Bereich des realen Choking bezeichnet ist. Eine Erklärung dafür ist im folgenden gegeben.

### 9.2.2 Begrenzung durch lokales Choking

In Abbildung 9.3 ist ein Versuch [62] dargestellt, eine Glimmentladung bei der konstanten Leistung 20000 W und dem konstanten Einströmdruck 145 hPa zu realisieren und lediglich die Förderleistung der Gasumwälzanlage zu variieren. Ein Maß für diese Förderleistung ist der von der Umwälzanlage produzierte Saugdruck bzw. die sich dadurch einstellende Druckdifferenz. Die Symbole ordnen jedem gemessenen Saugdruck einen gemessenen Gasmassenfluß zu.

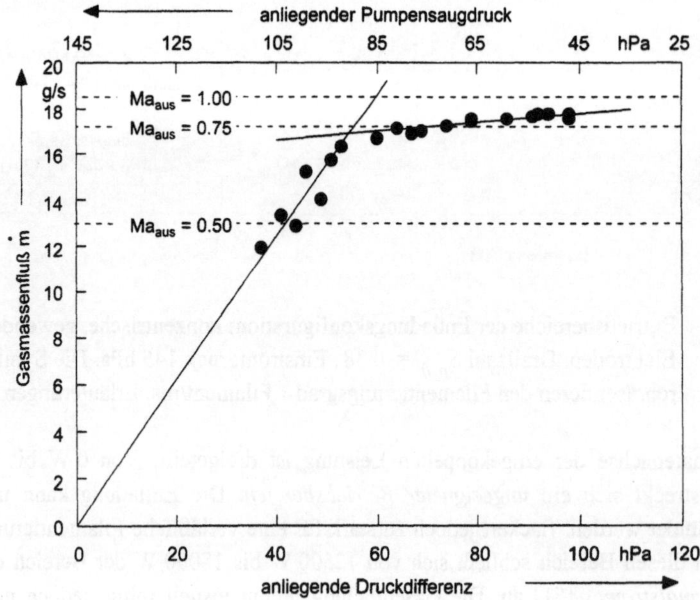


Abb. 9.3: Gemessener Gasmassenfluß als Funktion des gemessenen Pumpensaugdrucks, bzw. der anliegenden Druckdifferenz bei der Leistung 20000 W und dem Einströmdruck 145 hPa.

Die Meßreihe wurde zu kleinen Werten hin beim Massenfluß 12 g/s abgebrochen, weil darunter der Filamentierungsgrad auf einen bald einsetzenden Entladungszusammenbruch schließen läßt (aus Abbildung 9.2 kann ersehen werden, daß die Maximaltemperatur in diesem Betriebspunkt ungefähr 900 K beträgt und die Entladung deutlich im instabilen Bereich liegt. Wird von diesem Betriebspunkt an die Förderleistung erhöht, also der Saugdruck abgesenkt, so steigt der Massenfluß annähernd linear bis ungefähr 17 g/s. Gemäß Abbildung 9.2 ist in diesem Betriebspunkt der Filamentierungsgrad kleiner als 1 Filament/ms, der stabile Bereich ist also erreicht. Die Maximaltemperatur beträgt ungefähr 650 K und die Ausström-*Mach*-Zahl liegt bei 0.72.

Ein weiteres Absenken des Saugdruckes führt zu einer weiteren Erhöhung des Massenflusses, die Kurve zeigt jedoch eine signifikante Sättigung. Um den Massenfluß von 17 g/s auf 18 g/s und damit die Ausström-*Mach*-Zahl von 0.72 auf 0.80 zu steigern, ist eine Absenkung des Saugdrucks um mehr als die Hälfte nötig. Die Interpretation für diesen zunehmenden Strömungswiderstand durch die zunehmend von der Rohrachse ausgehende Verstopfung (lokales Choking) des Rohres ist in Kapitel 3.3.2 gegeben. Bei diesen Messungen konnte beobachtet werden, daß der Filamentierungsgrad trotz deutlicher Choking-Einflüsse monoton mit steigendem Massenfluß weiter sinkt. Die Systemwirtschaftlichkeit sinkt mit der steigenden Gasförderleistung hingegen so stark ab, daß der Entladungsbetrieb über die Ausström-*Mach*-Zahl 0.75 hinaus nicht zu empfehlen ist.

Diese experimentelle Feststellung eines existierenden lokalen Chokings bei einer Ausström-*Mach*-Zahl knapp unterhalb von 0.75 kann als Bestätigung sowohl der Aussagen von Kapitel 3.3.2 wie auch der Modellierung der thermodynamischen Parameter von Kapitel 3.4 verstanden werden. Ebenfalls wichtig ist die Aussage, daß Choking-Vorgänge die Gasentladung nicht destabilisieren können, weil die *Mach*-Zahl 1 in einem geraden Rohr bei dem hier als konstant angenommenen Einströmdruck wegen der entstehenden Strömungsverluste über dem größten Teil des Querschnitts nicht erreicht werden kann.

### 9.2.3 Entladungsgüte verschiedener Entladungskonfigurationen

Für den Hochleistungslaserbetrieb kann in Abbildung 9.2 der annähernd dreieckförmige Betriebsbereich empfohlen werden, der von der Übergangsgeraden zwischen normalem und anomalem Bereich, der Kurve konstanten Filamentierungsgrades sowie der Kurve konstanter Ausström-*Mach*-Zahl 0.75 begrenzt wird. Dieser empfohlene Betriebsbereich hängt sowohl vom Einströmdruck wie auch von der eingesetzten Entladungskonfiguration ab.

Die Entladungsstabilität steigt, bzw. der Filamentierungsgrad sinkt mit abnehmender maximal erreichter Gastemperatur, d.h. im einzelnen mit

1. abnehmender Leistung,
   im anomalen Bereich gleichbedeutend mit abnehmender Leistungsdichte $p_{HF}$

   und

2. zunehmendem Gasmassenfluß,
   bei gleichem Einströmdruck gleichbedeutend mit abnehmender Aufenthaltsdauer der Gasteilchen im Entladungsraum $\tau$.

Die aus dem Energiesatz hergeleitete Skalierungsbeziehung für schnellgeströmte Gaslaser Gleichung 2.7:

$$\frac{P_V}{\dot{m}} = Q_{Elek}^{1Fil/ms} \approx \text{const} \tag{9.1}$$

beschreibt im anomalen Bereich den Verlauf der eingetragenen Symbole in Abbildung 9.2 also in guter Näherung. Die Proportionalitätskonstante beim Filamentierungsgrad 1 Filament/ms $Q_{Elek}^{1Fil/ms}$ wird hier auch als *Entladungsgüte* bezeichnet.

Die in der Fachliteratur oftmals anzutreffende Skalierungsbeziehung $p_{HF}\tau = \text{const}$ kann leicht wie folgt aus Gleichung 9.1 abgeleitet werden:

$$\frac{P_V}{\dot{m}} = \frac{p_{HF}V}{v(z)\,\rho(z)\,A} = \frac{p_{HF}\tau}{\rho(z)} = Q_{Elek}^{1Fil/ms} \approx \text{const}\,. \tag{9.2}$$

Ausgehend von der in dieser Arbeit experimentell untermauerten Skalierungsbeziehung (Gleichung 9.1) kann erkannt werden, daß in der Beziehung $p_{HF}\tau = \text{const}$ die in Gasflußrichtung gemittelte Gasdichte vernachlässigt wird. Wenn dieselben Experimente in einem $P_V/\dot{m}$-Diagramm und in einem $p_{HF}/(1/\tau)$-Diagramm dargestellt werden, ist offensichtlich, daß die vernachlässigte mittlere Gasdichte im letztgenannten Diagramm zu einer Dämpfung der Abweichungen von der Skalierungsbeziehung führt. Unabhängig davon ist ein weiterer großer Vorteil der Gleichung 9.1, daß lediglich direkt meßbare Eingangsgrößen berücksichtigt werden, also kein Rechenformalismus ähnlich dem in Kapitel 3 gegebenen nötig ist. Auf einen umfassenderen Vergleich der Skalierungsbeziehungen wird deshalb hier verzichtet.

Es ist weiterhin bekannt (z.B.: [49], [20], [36]), daß der Filamentierungsgrad einer Gasentladung auch sinkt mit

3. abnehmendem Produkt aus in Strömungsrichtung gemitteltem Gasdruck und Entladungslänge $p \cdot d$,
4. zunehmender effektiver Dicke des Dielektrikums und
5. zunehmendem Turbulenzgrad, also zunehmender Temperaturleitfähigkeit der Gasströmung.

In Anbetracht dieser Beeinflussungsgrößen kann angenommen werden, daß die folgenden Punkte ebenfalls zu einer Reduzierung der Filamentierung führen müssen:

6. Eine zunehmende Homogenität des laseraktiven Mediums (also geringere Phasendeformation) muß wegen der vergleichsweise geringeren Maximaltemperaturen von Vorteil sein.
7. Wegen Punkt 5 muß eine zunehmende Drallzahl (natürlich innerhalb des Bereichs des schwachen Dralls) und die damit einhergehende Quasi-Erhöhung des Turbulenzgrades zu sinkender Filamentierung führen.

8. Die Wirkung der Drallströmung muß mit gegengerichtet gewendelten Elektroden noch verstärkt werden können.

Die Bedeutung der Punkte 6 bis 8 kann leicht in einer Meßreihe herausgestellt werden, in der die dort genannten Größen variiert werden. Dazu wurden die drei bereits in Kapitel 8 eingeführten Elektrodensysteme bei verschiedenen Drallströmungen, eingekoppelten Leistungen sowie Gasmassenflüssen auf den erzielten Filamentierungsgrad untersucht. Die Ergebnisse sind in Abbildung 9.4 dargestellt. Bei allen Entladungskonfigurationen repräsentieren die Symbole bei den jeweils kleinsten Leistungswerten den Beginn des *anomalen Entladungsbetriebs*. Es wurden nur Drallströmungen in mathematisch positiver Orientierung und geradlinige Elektroden oder gewendelte Elektroden mit mathematisch negativer Orientierung vermessen.

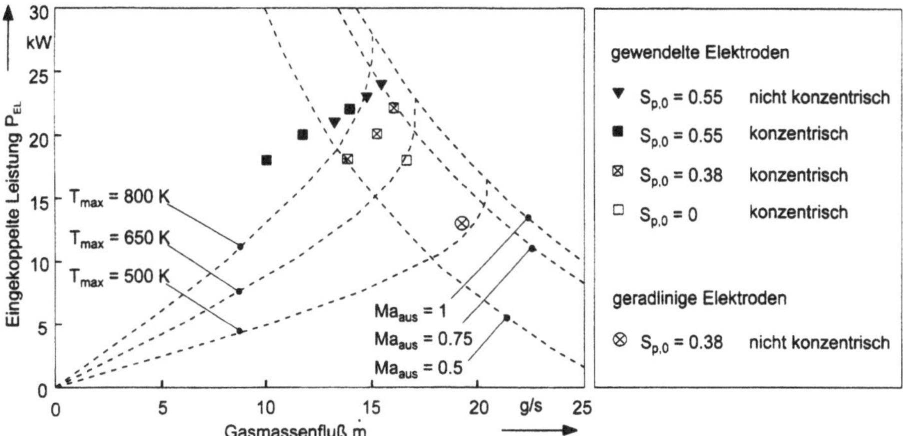


Abb. 9.4: Eingekoppelte Leistung als Funktion des Gasmassenflusses. Gerechnete Parameter: konstante Maximaltemperaturen und erreichte Ausström-Mach-Zahlen, jeweils ohne Strahlungsfeld. Die Symbole repräsentieren den gemessenen Filamentierungsgrad 1 Filament/ms bei verschiedenen Entladungskonfigurationen.

Beim Vergleich der konzentrischen, gewendelten Elektroden ist klar zu erkennen, daß eine höhere Drallzahl zu einer höheren Entladungsgüte $Q_{Elek}^{1Fil/ms}$ führt, d.h. daß stabile Entladungen bei höheren Leistungen und geringeren Massenflüssen bzw. höheren Maximaltemperaturen möglich sind. Ersichtlich ist weiterhin, daß der anomale Entladungsbetrieb bei allen Drallzahlen bei der eingekoppelten Leistung 18000 W beginnt. Eine direkte Folge daraus ist, daß das empfohlene „Betriebsdreieck" im Leistung/Massenfluß-Koordinatensystem an Fläche mit der Drallzahl zunimmt.

Bei den geradlinigen Elektroden mit drallfreier Rohrströmung war es aus technologischen Gründen nicht möglich, den für Erreichen des Filamentierungsgrades 1 Filament/ms nötigen hohen Massenfluß zu realisieren. Bei $S_{p,0} = 0.38$ konnte nur durch Kürzen der Elektrodenlänge um 45 % wenigstens in einem Punkt die geforderte Entladungsstabilität erreicht werden. Weitere Messungen mit den geradlinigen Elektroden wurden daher nicht durchgeführt.

Die nichtkonzentrischen, gewendelten Elektroden wurden nur bei $S_{p,0} = 0.55$ vermessen. Der Verlauf der Entladungsgüte entspricht dem der zugehörigen konzentrischen, d. h. die erreichbare Entladungsgüte der beiden gewendelten Systeme ist im Rahmen der Meßgenauigkeit gleich. Der bei vergleichsweise höheren Leistungen (21000 W) einsetzende anomale Entladungsbereich ist eine Folge der nichtkonzentrischen Elektrodenform und der Elektrodenlänge. Diese Abhängigkeiten werden im folgenden Unterkapitel diskutiert.

Eine Übersicht über die erreichten Entladungsgüten gibt Abbildung 9.5. Wie leicht zu erkennen ist, erreicht die geradlinige Elektrode lediglich den halben Wert der vergleichbaren gewendelten.

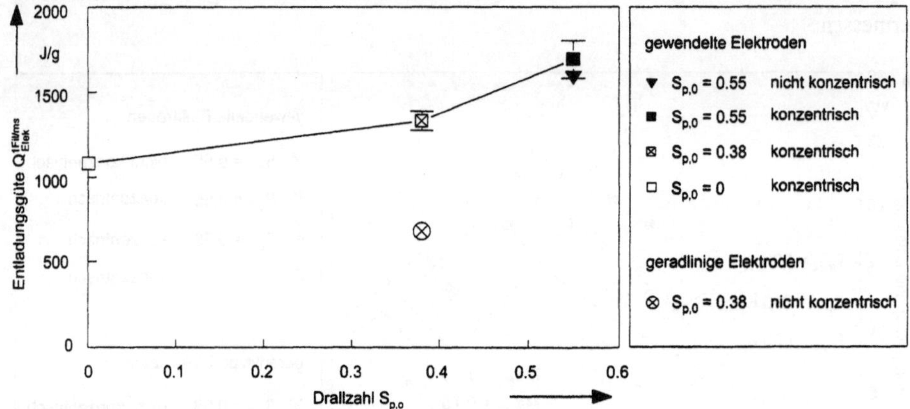


Abb. 9.5: Entladungsgüte $Q_{Elek}^{1Fil/ms}$ in Abhängigkeit von der Drallzahl $S_{p,0}$ und der Elektrodenform.

Insgesamt ist festzuhalten, daß sich beim Vergleich der Entladungskonfigurationen in bezug auf maximale Entladungsgüte dieselbe Rangordnung einstellt wie in bezug auf minimale Phasendeformation (siehe Kapitel 8). Die zwei Forderungen nach einer hohen optischen Qualität und nach einer hohen Entladungsstabilität können also als gleichbedeutend angesehen werden.

Die Filamentierung einer Gasentladung ist ein statistischer Vorgang, der im gesamten Entladungsvolumen mit charakteristischen Minimalabständen [20] zwischen zwei benachbarten Filamenten stattfindet. In Strömungsrichtung nimmt die Filamentierungsdichte zu, weil die reduzierte Feldstärke $E/n$ mit fallender Gasdichte steigt [20]. Daraus entsteht eine lokal am Entladungsende auftretende und damit weitere, den Betriebsbereich einer Gasentladung begrenzende, Instabilität. Sie wird im folgenden diskutiert.

## 9.2.4 Begrenzung durch lokalen Grenzschichtdurchbruch

In Kapitel 9.1 wurde für die hier zu untersuchenden Gasentladungen der Begriff der *dielektrisch behinderten* $\gamma$*-Entladung* geprägt. Die stabilisierende Wirkung des Dielektrikums wird jedoch mit sinkendem Gasdruck bzw. steigender Leistung, d.h. mit steigender reduzierter Feldstärke zunehmend schwächer. Weil die reduzierte Feldstärke in Strömungsrichtung ansteigt, erfolgt bei zunehmender Leistung ein Durchbruch der Entladungsgrenzschicht vorzugsweise in Strömungsrichtung hinten. Lokal liegt dann eine echte $\gamma$-Entladung vor, die mit einer typischen Zunahme der Leuchtintensität im Grenzschichtbereich verbunden ist. In Abbildung 9.6 ist eine photographische Aufnahme des hinteren Bereichs einer solchen Gasentladung dargestellt. Zum besseren Verständnis sind die Elektroden, das Quarzrohr und der Ausströmblock maßstäblich skizziert.

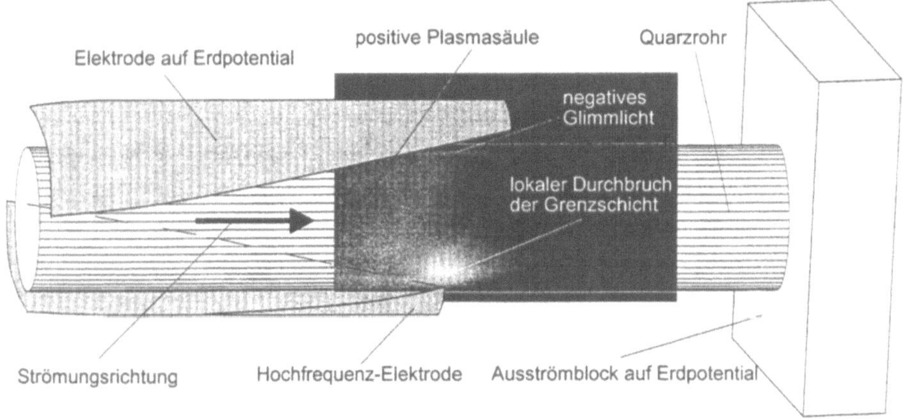


Abb. 9.6: Photographie einer kritischen Gasentladung mit maßstäblich skizzierten Teilen von gewendelten Elektroden unterschiedlicher Länge, Quarzrohr und Ausströmblock.

In der Photographie ist zwischen den Elektroden eine filamentfreie Plasmasäule und direkt unterhalb der geerdeten Elektrode das negative Glimmlicht der *dielektrisch behinderten $\gamma$-Entladung* zu erkennen. Oberhalb der Hochfrequenz-Elektrode und lokal auf das Elektrodenende begrenzt zeigt eine intensive Leuchterscheinung einen lokalen Grenzschichtdurchbruch an. An dieser Stelle ist die reduzierte Feldstärke maximal, weil Feldlinien nicht nur zu der geerdeten Elektrode, sondern auch zu der geerdeten Entladungsabschirmung und insbesondere zum geerdeten Ausströmblock führen. Diese Asymmetrie der Leuchterscheinung ist eine Folge der asymmetrischen Hochfrequenzzufuhr, bei der nur eine geschirmte Hochfrequenzleitung eingesetzt wird. Eine geeignete Möglichkeit, die negativen Auswirkungen der asymmetrischen Feldstärkeverteilung auf die Kompaktheit der gesamten Entladungskonfiguration zu kompensieren, ist der Einsatz einer im Vergleich zur Masse-Elektrode kürzeren Hochfrequenz-Elektrode [63], [20]. In Abbildung 9.6 ist ein solches Elektrodensystem dargestellt[1].

Im Experiment zeigt sich, daß die Leistung, bei der ein lokaler Grenzschichtdurchbruch erfolgt, unmittelbar mit der Grenzlinie zwischen normalem und anomalem Bereich zusammenhängt. Wie bei dieser ist eine Abhängigkeit von den Parametern:

- konzentrische oder nicht konzentrische Innenkontur,
- Elektrodenlänge sowie

1. Die erzeugten Phasendeformationen sind im Rahmen der Meßgenauigkeit identisch bei gleich langen wie auch bei den hier eingesetzten ungleich langen Elektroden. Deshalb wurde in Kapitel 8 auf eine Erwähnung verzichtet. Konstruktionszeichnungen und Photographien solcher Entladungssysteme sind in Kapitel 11 zu finden.

- Gasdruck

festzustellen. Und wie bei dieser besteht keine Abhängigkeit von den Parametern:

- geradlinige oder gewendelte Elektrodenform,
- Strömungsgestaltung (Turbulenzgrad und Drallzahl) und
- Gasmassenfluß in dem betrachteten Massenflußbereich zwischen 12 – 18 g/s.

Ein lokal begrenzter Grenzschichtdurchbruch kann allerdings nur dann produziert werden, wenn die Entladungsgüte so hoch ist, daß eine Kontraktion der Plasmasäule nicht zuvor erfolgt. Daher wurden für den Vergleich der zwei Elektrodenformen in Abbildung 9.7 Entladungskonfigurationen höchster Entladungsgüte, also die gewendelte Elektroden bei $S_{p,0} = 0.55$, eingesetzt. Dann ist der direkte Zusammenhang von Grenzlinie zwischen normalem und anomalen Bereich und Grenzschichtdurchbruch deutlich erkennbar. Der eigentliche „anomale" Betriebsbereich[1] erstreckt sich über einen Leistungsbereich von konstant 5000 W.

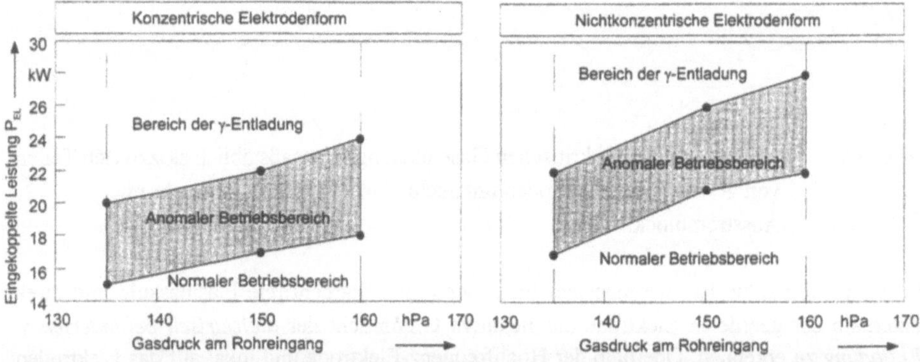


Abb. 9.7: Gemessene Abgrenzung des Betriebsbereichs (anomal) durch Grenzlinie zum Normalbereich und Grenzschichtdurchbruch in Abhängigkeit von Leistung, Einströmdruck und Elektrodenquerschnittsform.

Die dargestellten Abhängigkeiten von Gasdruck und Elektrodenform werden im folgenden näher erläutert:

**Abhängigkeit vom Gasdruck.** Die Leistung, bei der ein Grenzschichtdurchbruch erfolgt, steigt monoton mit dem Gasdruck. Dagegen sinkt bei konstantem Massenfluß die Entladungsgüte mit steigendem Gasdruck (siehe beispielsweise [20]). Das heißt, daß ein optimaler Gasdruck als Kompromiß zwischen Entladungsgüte und Vermeidung eines lokalen Durchbruchs gefunden werden muß. Dieser Kompromiß verschiebt sich um so mehr zu höheren Gasdrücken und geringeren Maximaltemperaturen, je höher die Entladungsgüte ist. Für die Erklärung sei auf Abbildung 9.4 verwiesen. Die höchste Entladungsgüte von 1800 J/g der gewendelten Elektroden mit optimierter Drallströmung bedeutet, daß eine Maximaltemperatur von ca. 900 K in

1. Die in Abbildung 8.25 dargestellten Kurven enden also zu hohen Leistungen hin, weil der lokale Grenzschichtdurchbruch erreicht wurde.

einer stabilen Gasentladung realisiert werden kann. Für effiziente Laseranwendungen ist diese Gastemperatur allerdings zu hoch [1]. Dieser Umstand kann deshalb für eine Druckerhöhung genutzt werden, die bei einer gleichbleibend hohen Ausström-*Mach*-Zahlen zu einer sinkenden Maximaltemperatur führt. Wegen der sehr viel höheren Entladungsgüte gewendelter im Vergleich zu geradlinigen Elektroden konnten lediglich die ersteren mit Gaseinströmdrücken bis 160 hPa betrieben werden.

**Abhängigkeit von der Elektrodenform.** Die in Abbildung 9.7 dargestellten Grenzen des Betriebsbereichs liegen bei Verwendung nichtkonzentrischer anstelle konzentrischer Elektroden bei ca. 18 % höheren Leistungen. Wenn zusätzlich noch berücksichtigt wird, daß die nichtkonzentrischen, gewendelten Elektroden eine mittlere Länge[1] von 56.75 cm aufweisen, während die konzentrischen, gewendelten im Mittel 60 cm lang sind, können die folgenden Aussagen getroffen werden:

- Bei gleicher Elektrodenlänge liegen die Betriebsbereiche der nichtkonzentrischen im Vergleich zu den konzentrischen Elektroden bei um ca. 25 % höheren Leistungen bzw. Leistungsdichten.
- Bei gleicher Leistung können nichtkonzentrische im Vergleich zu konzentrischen Elektroden um ca. 25 % kürzer, also kompakter ausgelegt werden.

Die Meßpunkte aus Abbildung 9.7 für die Grenzlinie zwischen normalem und anomalem Bereich sowie für den Einsatz des lokalen Grenzschichtdurchbruchs können jeweils in guter Näherung durch die bereits in [1] dargestellten Proportionalität von Leistungsdichte und Gasdruck am Rohreingang

$$\frac{p_{HF}}{p_{ein}} = C \tag{9.3}$$

ausgedrückt werden. Die konkret gemessenen Proportionalitätskonstanten $C$ sind in Tabelle 9.1 festgehalten.

| | konzentrische Elektrodenform | nichtkonzentrische Elektrodenform |
|---|---|---|
| Grenzlinie zwischen normalem und anomalem Bereich | $0.112\frac{\mathrm{W}}{\mathrm{cm^3\,hPa}}$ | $0.143\frac{\mathrm{W}}{\mathrm{cm^3\,hPa}}$ |
| Grenzschichtdurchbruch | $0.148\frac{\mathrm{W}}{\mathrm{cm^3\,hPa}}$ | $0.181\frac{\mathrm{W}}{\mathrm{cm^3\,hPa}}$ |

Tabelle 9.1: Gemessene Konstanten $C$ an der Grenzlinie zwischen normalem und anomalem Bereich sowie beim Einsatz des lokalen Grenzschichtdurchbruchs in Abhängigkeit von Elektrodenform und Einströmdruck. Daten aus Abbildung 9.7.

1. arithmetischer Mittelwert aus Länge der geerdeten und Länge der hochfrequenzführenden Elektrode.

Bei der Arbeit mit Lasersystemen verschiedener Leistungsklassen konnte die Erfahrung gemacht werden, daß für die Grenzlinie zwischen normalem und anomalen Bereich von schnellgeströmten Gasentladungen die Gleichung 9.3 mit den zugehörigen Propotionalitätskonstanten aus Tabelle 9.1 ein universelles Skalierungsgesetz ist. Dieser Tatbestand wird in Kapitel 11 nochmals aufgegriffen.

## 9.3 Kurzfassung der wichtigsten Ergebnisse

In diesem Kapitel wurde zunächst die in dieser Arbeit diskutierte schnellgeströmte Gasentladung als eine besondere Form der $\gamma$-Entladung, eine *dielektrisch behinderte* $\gamma$*-Entladung* identifiziert.

Es wurde gezeigt, daß der Betriebsbereich dieser *dielektrisch behinderten* $\gamma$*-Entladung* begrenzt ist durch

- die *Entladungsgüte* bei einem bestimmten Filamentierungsgrad, $P_V/\dot{m} = \text{const}$,
- die Grenzlinie zwischen normalem und anomalem Entladungsmodus, $p_{HF}/p_{ein} = \text{const}$,
- den *lokalen Grenzschichtdurchbruch* (lokale $\gamma$-Entladung), $p_{HF}/p_{ein} = \text{const}$ sowie
- das *lokal* einsetzende Choking bei der über den Rohrquerschnitt gemittelten Ausström-*Mach*-Zahl $Ma = 0.75$.

Wenn für den Betriebsbereich der Gasentladung die Ziele

- höchste Leistungsdichte bzw.
- höchste Kompaktheit

maßgebend sind, so ergibt sich genau die Rangfolge der Entladungskonfigurationen wie bereits bei der Suche nach geringster Phasendeformation in Kapitel 8, nämlich nichtkonzentrisch gewendelte vor konzentrisch gewendelten Elektroden und beide zusammen deutlich vor geradlinigen Elektroden.

Die enge Verwandtschaft von minimaler Phasendeformation und maximaler Entladungsstabilität bedeutet, daß die Ziele *höchste optische Qualität* und *höchste Leistungsdichte* bzw. *höchste Kompaktheit* notwendigerweise zusammen erreicht werden.

# 10 Bemerkungen zur Kleinsignalverstärkung

Die Bestimmung der ortsaufgelösten Kleinsignalverstärkung in einem laseraktiven Medium ist ein etabliertes Verfahren [20], [49] für die Optimierung von Entladungskonfigurationen. Der Koeffizient der Kleinsignalverstärkung (siehe auch Gleichung A.24 im Anhang) nimmt dann positive Werte an, wenn eine Besetzungsinversion des Mediums vorliegt und somit eine Voraussetzung zur Lichtverstärkung gegeben ist. Die Definition lautet [1]:

$$g_0 = \sigma \cdot \Delta N \tag{10.1}$$

mit dem Wirkungsquerschnitt für die stimulierte Emission $\sigma$ und der Besetzungsdichteinversion zwischen dem oberen und dem unteren Laserniveau ohne Strahlungsfeld $\Delta N$.

Die ortsaufgelöste Messung des Koeffizienten der Kleinsignalverstärkung basiert auf Gleichung A.22 im Anhang, die hier in der folgenden Form verwendet wird:

$$\overline{g_0}(x, y) = \frac{1}{L_M} \ln\left(\frac{I(x, y)}{I_0(x, y)}\right) . \tag{10.2}$$

Analog zur Meßmethode der Interferometrie verläuft eine Meß-Laserstrahlung längs durch das Entladungsrohr, wobei hier die Wellenlänge des Laserübergangs (10.6 µm, 10P20) nötig ist. Daher wird hier, analog zu Gleichung 4.4 und durch den Querstrich symbolisiert, eine inhärente Mittelung in Strömungsrichtung $z$ durchgeführt; $I_0(x, y)$ ist die Intensitätsverteilung dieser Meßstrahlung vor dem Entladungsrohr, $I(x, y)$ diejenige nach Passieren der Entladungsstrecke, $L_M$ ist die Länge des verstärkenden Mediums.

Während die interferometrische Messung der optischen Weglängen eine Aussage über die durch das Medium verursachte Phasenverteilung im Rohrquerschnitt erlaubt, liefert die Verstärkungsmessung die durch das Medium verursachte Intensitätsverteilung. Die jeweils resultierenden Verteilungen sind dennoch eng korreliert, weil beiderseits eine in weiten Betriebsbereichen gleichgerichtete Abhängigkeit von der Gastemperatur existiert: Nach Gleichung 4.7 gilt nämlich

$$\Delta L_{12} = L(x_2, y_2) - L(x_1, y_1) \sim \frac{1}{T_1} - \frac{1}{T_2} = \frac{T_2 - T_1}{T_1 T_2} \sim T_2 - T_1 , \tag{10.3}$$

während wegen $g_0 \sim \sqrt{T}$ [20]

$$\Delta g_{0,12} = g_0(x_2, y_2) - g_0(x_1, y_1) \sim \sqrt{T_2} - \sqrt{T_1} \approx \frac{T_2 - T_1}{2\sqrt{T_1}} \sim T_2 - T_1 \tag{10.4}$$

gilt. Diese Korrelation wird beispielsweise durch die Tatsache bestätigt, daß jeweils beide Verteilungen gut mit der Leuchtdichteverteilung der Gasentladung korrelieren. Für die Verstärkungsverteilung ist das in [20], [49] und [37] dokumentiert, für die Phasendifferenzverteilung geht es daraus hervor, daß sich in Kapitel 8 gerade die Leuchtdichteverteilung als geeigneter Ansatz für die Phasenmodellierung gezeigt hat.

Aus der Korrelation von Phase und Verstärkung kann gefolgert werden, daß eine unabhängige Gestaltung von optischen und verstärkenden Eigenschaften der Entladungsstrecke prinzipiell nicht möglich ist. In [20] wurde in einem Vergleich eines völlig homogenen und eines *Gauß*-förmigen Verstärkungsprofils rechnerisch gezeigt, daß die Gestaltung des Verstärkungsprofils nur einen geringen Einfluß auf das produzierte Strahlungsfeld ausübt. Der vorliegenden Arbeit kann entnommen werden, daß die Gestaltung des Phasenprofils indessen von großer Bedeutung für optische Qualität, Entladungsstabilität sowie Kompaktheit des Lasersystems ist. Der Laserentwickler sollte sein Augenmerk also in erster Linie auf die Realisierung von Entladungsstrecken hoher optischer Qualität richten.

Eine weitere Folgerung aus der Korrelation von Phase und Verstärkung ist die, daß prinzipiell sowohl die Bestimmung des Phasendifferenzprofils als auch die Ermittlung der Verstärkungsverteilung zur Optimierung von Entladungskonfigurationen hinsichtlich hoher optischer Qualität geeignet ist. Es ist also das Meßverfahren vorzuziehen, welches den geringsten apparativen Aufwand oder die höchste Empfindlichkeit zeigt.

Die Meßaufbauten können weitgehend gleich aufgebaut sein. Die Phasenmessung kann wegen der sichtbaren Meßstrahlung mit Standardoptiken und einer einfachen CCD-Kamera realisiert werden, die Verstärkungsmessung verlangt wegen der infraroten Meßstrahlung Sonderoptiken für die Strahlführung und ein besonderes, beispielsweise pyroelektrisches Detektorarray. Dazu kommt, daß die Justage des Meßaufbaus bei sichtbarer Meßstrahlung ungleich einfacher ist.

Wegen dieser Schwierigkeiten wurde für die Bestimmung der Verstärkungsverteilung das bereits in [20] und [49] vorgestellte Meßverfahren aufgebaut: Dabei wird ein Meßstrahl möglichst hoher Strahlqualität so geführt, daß er ein minimales Meßvolumen innerhalb der Entladungsstrecke abtastet. Dies ist gewährleistet, wenn die Strahltaille genau mittig in der Strecke liegt und die sich einstellende *Rayleigh*-Länge der Meßstrahlung genau halb so lang wie die Entladungsstrecke selbst ist. Dies ist in Abbildung 10.1 dargestellt.

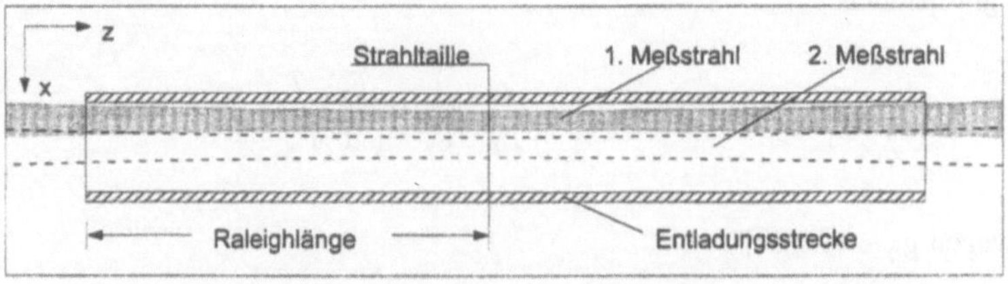


Abb. 10.1: Nicht maßstäbliches Prinzipbild des verwendeten Meßverfahrens für die ortsaufgelöste Bestimmung des Koeffizienten der Kleinsignalverstärkung.

Nachdem die Leistung des Meßstrahls mit einem Detektor bestimmt wurde, wird der Meßstrahl in der *x,y*-Ebene parallel verschoben und tastet ein anderes Volumen innerhalb der Entladungsstrecke ab. Die Leistung wird wieder bestimmt, usw. Um das Intensitätsverhältnis $I/I_0$ an allen Meßpunkten in der $x,y$-Ebene zu erhalten, wird die Leistung jeweils mit und ohne Gasentladung gemessen und der Quotient ermittelt. Bei den üblichen geometrischen Abmessungen kann der Meßstrahl innerhalb des Entladungsrohres ohne Überdeckung 10–15 mal in eine Richtung verfahren werden. Dies ist in Abbildung 10.1 zum besseren Verständnis nicht maßstäblich dargestellt.

Für eine Absolutbestimmung von $\overline{g_0}(x,y)$ ist noch die Länge des verstärkenden Mediums wichtig. Sie kann jedoch ohne genaue Kenntnis des Verlaufs der Verstärkung in Strömungsrichtung $g_0(z)$ nicht exakt ermittelt werden. Man behilft sich im allgemeinen durch die Länge der Elektroden oder des Entladungsrohres. Letzteres erscheint sinnvoller, weil bei der Auslegung einer Entladungskonfiguration üblicherweise die einzusetzende Elektrodenlänge von der vorausgesetzten Rohrlänge abhängt. Es ergeben sich dann aber eher kleine Werte für $\overline{g_0}(x,y)$.

Die Nachteile dieses Verfahrens zur Bestimmung der Kleinsignalverstärkung sind:

- geringe Ortsauflösung durch die minimal möglichen Meßvolumina und
- hoher Zeitbedarf für eine Komplettmessung, d.h. eventuelle Zeitkonstanten für die Verstärkung, beispielsweise durch Gasdissoziation, müssen beachtet werden.

Ein Beispiel für eine solche Komplettmessung ist in Abbildung 10.2 gegeben. Vermessen wurde die Konfiguration geradlinig, konzentrische Elektroden bei der Drallzahl $S_{p,0}$ = 0.55 und einer eingekoppelten Leistung von 20000 W. Die dazugehörige gemessene Phasenfrontdeformation ist in Abbildung 8.14 dargestellt.

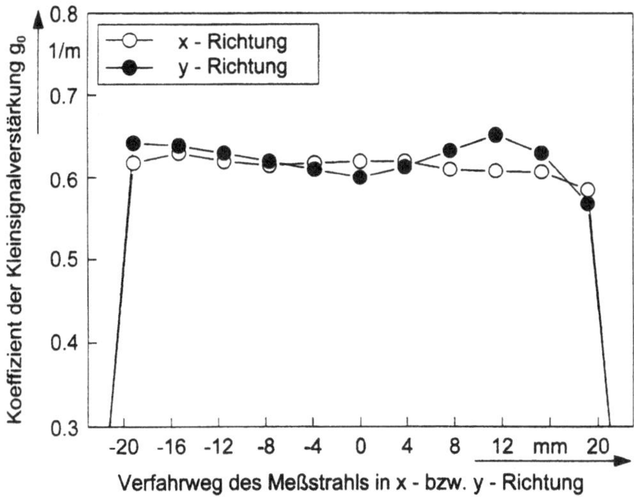


Abb. 10.2: Gemessene Kleinsignalverstärkung bezogen auf die Entladungsrohrlänge bei Entladungsbedingungen entsprechend Abbildung 8.14.

Die Korrelation von Verstärkungs- und Phasenfrontprofil bestätigt die oben getroffenen Annahmen. Weiterhin kann jedoch beim Vergleich der Meßpunkte an den identischen Orten $x = y = 0$ die relativ geringe Genauigkeit der angewendeten Methode zur Verstärkungsmessung erkannt werden.

Wegen der geringen Ortsauflösung, der geringen Genauigkeit und weil das Optimierungskriterium für die Entladungskonfigurationen ohnehin nicht die Gestaltung der Verstärkungsverteilung sondern die der Phasenfrontdeformation ist, wird im Rahmen dieser Arbeit auf weitere Darstellungen von Verstärkungsmessungen verzichtet.

Nicht unerwähnt bleiben soll die Tatsache, daß die Verteilung der Kleinsignalverstärkung von der eigentlich relevanten Verteilung der Verstärkung bei Anwesenheit eines Strahlungsfeldes abweicht [37]. Durch die lange Lebensdauer der angeregten Vibrationsniveaus ohne Strahlungsfeld erfolgt eine Homogenisierung durch spontane Emission. Gebiete höherer Besetzungsinversion senden bevorzugt Photonen in alle Richtungen, während Gebiete geringerer Besetzungsinversion diese Photonen vorzugsweise absorbieren. Diese Homogenisierung ist jedoch für den tatsächlichen Laserbetrieb nicht relevant, weil die Lebensdauer der oberen Niveaus mit Strahlungsfeld drastisch sinkt und somit eventuelle Verstärkungsinhomogenitäten vom Strahlungsfeld direkt abgerufen werden. Das Kleinsignalverstärkungsprofil ist also im Vergleich zum Verstärkungsprofil räumlich gedämpft.

# 11 Auslegung von Lasersystemen und Entladungsstrecken

Dieses Kapitel soll dem Entwickler von $CO_2$-Gaslasern ein Instrumentarium an die Hand geben, mit dem die Auslegung eines neuen ebenso wie die Optimierungsanalyse eines bestehenden Lasersystems erleichtert werden kann. Mit den in Kapitel 11.1 vorgestellten Überlegungen und Skalierungsbeziehungen wird nicht der Anspruch auf Allgemeingültigkeit erhoben, sie sind vielmehr als niedergeschriebene Erfahrungen zu interpretieren, die der Autor bei der Arbeit an Lasersystemen im Strahlleistungsspektrum 1000 – 30000 W erwerben konnte. In Kapitel 11.2 und Kapitel 11.3 werden dann die in der vorliegenden Schrift erarbeiteten Erkenntnisse für Strömungs- und Elektrodengestaltung in Form von Konstruktionsempfehlungen konkretisiert. Spezielle Elektrodensysteme zur aktiven Beeinflussung der resonatorinternen Strahlung werden in Kapitel 11.4 vorgestellt. Abschließend sind in Kapitel 11.5 die Resultate, die bei der Arbeit an mehreren Lasersystemen erreicht wurden, dokumentiert.

## 11.1 Systemauslegung als Folge gewünschter Strahlparameter

Ausgangspunkt einer Systemneuauslegung ist die gewünschte Strahlleistung und *Strahlbeschaffenheit*. Letzteres bezieht sich zunächst auf die Frage, ob der Laserresonator vom stabilem oder instabilem Typ[1] sein soll. Bei beiden Klassen ist bei den Zielvorstellungen Fokussierbarkeit der emittierten Strahlung und Systemwirkungsgrad ein Kompromiß zu wählen:

- Für *stabile* Resonatoren gilt, daß je höher die Fokussierbarkeit ist, desto weniger angeregtes Volumen des laseraktiven Mediums wird vom Strahllungsfeld abgefragt, d.h. desto geringer ist der Wirkungsgrad. Die den gewählten Kompromiß kennzeichnende Größe ist die *Fresnel*-Zahl:

$$N_F = \frac{R^2}{\lambda L_R}, \tag{11.1}$$

  mit der Resonatorlänge $L_R$. Für eine gute Fokussierbarkeit liegt die *Fresnel*-Zahl bei ungefähr $N_F \approx 1$ .

- Bei den *instabilen* Resonatoren, die hier auf den konfokalen Typ beschränkt sein sollen, ist der Auskoppelgrad über die Vergrößerung $M$ direkt mit der zu erwartenden Fokussierbarkeit verknüpft, d.h. eine unabhängige Gestaltung ist nicht möglich. Die den gewählten Kompromiß kennzeichnende Größe ist die äquivalente *Fresnel*-Zahl:

1. Auf die zwei Lasertypen wird hier nicht näher eingegangen. Dem interessierten Leser seien jedoch die Literaturstellen [64] und [1] empfohlen.

$$N_{eq} = N_F \frac{M-1}{2}, \tag{11.2}$$

die aus Gründen der Diskriminierung unerwünschter Moden [1] immer in den Bereichen

$$\frac{2n-1}{2} \pm 0.25 \tag{11.3}$$

liegen sollte, $n$ ist hier eine natürliche Zahl.

Der gewählte Kompromiß aus Fokussierbarkeit und Wirkungsgrad legt bei beiden Resonatorklassen also das Verhältnis $R^2/L_R$ fest.

Nach der Erfahrung des Autors liegt ein empfehlenswertes Verhältnis aus Rohrradius und Länge des einzelnen Rohres bei

$$\frac{R}{L} = 0.025, \tag{11.4}$$

wobei der Zusammenhang

$$L_R = jL + \Xi(j) \tag{11.5}$$

besteht. Die Anzahl der Entladungsstrecken $j$ ist geradzahlig[1], $\Xi(j)$ ist eine zusätzliche Länge, die durch Strahl- und Strömungsumlenkungen bedingt ist.

Das in dieser Arbeit stets berücksichtigte Standardgasgemisch $He:N_2:CO_2 = 80:15:5$ ist eine Voraussetzung für die im folgenden gegebenen Propotionalitätskonstanten.

Für den Gasdruck existiert die bekannte Skalierungsbeziehung $p_{ein}R = const$ (siehe beispielsweise [49]), die zu der empirisch gewonnenen Beziehung

$$150 \text{ hPa cm} \le p_{ein}R \le 350 \text{ hPa cm} \tag{11.6}$$

führt. Bei dieser Bereichsangabe gilt der untere Bereich vorzugsweise für kleine Entladungsrohre $R < 20$ mm, der obere Bereich eher für große Entladungsrohre $R > 40$ mm.

Mit den Gleichungen 11.1 bzw. 11.2 bis 11.6 ist – ausgehend von verschiedenen Anzahlen an Entladungsstrecken $j$ – eine Vielzahl von Kombinationen aus Rohrradius $R$, Rohreingangsdruck $p_{ein}$, Rohrlänge $L$ und Resonatorlänge $L_R$ möglich. Die weitere Einschränkung auf eine bestimmte Kombination wird schließlich über die gewünschte Strahlleistung erzwungen: Wenn eine bekannte Rohreingangstemperatur (typischerweise Zimmertemperatur) vorausgesetzt wird, kann ein Arbeitspunkt im $P_{EL}$-$\dot{m}$-Diagramm[2] angegeben werden. Dieser entspricht dem Schnittpunkt von der durch die Entladungsgüte gegebenen Ursprungsgerade mit der Choking-Grenzlinie.

1. siehe Kapitel 5.1.
2. Siehe hierzu die Abbildungen 3.6 und 9.4.

Vorausgesetzt, die oben gegebenen Kriterien werden beachtet sowie die im weiteren empfohlene Strömungs- und Elektrodengestaltung kommt zum Einsatz, kann von einer Entladungsgüte

$$Q_{Elek}^{1Fil/ms} = \frac{P_{El}}{\dot{m}} \approx 1500 \text{ J/g} \tag{11.7}$$

ausgegangen werden.

Die analytische Näherungs-Gleichung Gleichung 3.34 für die Choking-Grenzlinie kann für die Berücksichtigung des lokalen Choking-Phänomens bei $Ma_{aus} \approx 0.75$ und eines vorhandenen Strahlungsfeldes (nach Gleichung 2.2) wie folgt angepaßt werden:

$$P_{El}(\dot{m}) = \frac{\eta_{ch}}{1-\eta_{EL}} P_V(\dot{m}) \ . \tag{11.8}$$

Der Vorfaktor zur Berücksichtigung des lokalen Chokings kann aus Abbildung 3.6 zu $\eta_{ch} = 0.95$ abgeschätzt werden.

Die Strahlleistung $P_L$ ergibt sich dann mit $\eta_{El}$ nach Gleichung 2.1 und der Anzahl der Entladungsstrecken $j$ aus

$$j = \frac{P_L \eta_{El}}{P_{El}(\dot{m})} \ . \tag{11.9}$$

In einem Vergleich dieser mit verschiedenen $j$-Werten berechneten und der angepeilten Strahlleistung kann nun die Anzahl der Entladungsstrecken und damit auch alle anderen Parameter festgelegt werden.

Jetzt muß überprüft werden, ob die Entladungsstrecken des gedachten Lasersystems im gewünschten *anomalen Modus* (Kapitel 9) betrieben werden. Für diese Abschätzung kann Gleichung 9.3 zusammen mit den Proportionalitätskonstanten für die Grenzlinien zwischen normalem und anomalem Betriebsbereich aus Tabelle 9.1 verwendet werden:

$$\frac{p_{HF}}{p_{ein}} > C \ . \tag{11.10}$$

Die zur Bestimmung der Leistungsdichte noch nötige Elektrodenlänge in Abhängigkeit von der Rohrlänge folgt aus Gleichung 11.11. Sollte sich herausstellen, daß der anomale Modus nicht realisiert werden kann, sind entweder Abstriche an möglicher Kompaktheit hinzunehmen oder die Eingangsforderungen nach Strahlbeschaffenheit und Strahlleistung müssen variiert werden.

Die Anregungsfrequenz, bei der die Leistung den Elektroden zugeführt wird, sollte eine international zugelassene Industriefrequenz sein. Die zwei Industriefrequenzen $f$ = 13.65 MHz und $f$ = 27.13 MHz sind besonders ausgezeichnet, weil Generatoren kostengünstig und bis in hohe Leistungsbereiche verfügbar sind. Bei 13.65 MHz ist die stabilisierende Wirkung des Dielektrikums größer, weil für die Reaktanz des Dielektrikums $X_{Di} \sim f^{-1}$ gilt. Bei 27.13 MHz sind dafür genau aus diesem Grunde die an den Elektroden anliegenden Spannungen geringer, d.h. die Isolationsabstände können geringer gewählt werden. Die in Kapitel 11.2 gegebenen Konstruktionshinweise beziehen sich durchweg auf die Anregungsfrequenz 27.13 MHz.

Bei den verfügbaren Gasumwälzgebläsen ist zwischen Kolbenmaschinen und Strömungsmaschinen zu unterscheiden. Erstere, beispielsweise Rootsgebläse, benötigen einen großen Bauraum, sind jedoch wegen der typischen steilen Kennlinie prädestiniert für Versuchszwecke. Die Strömungsmaschinen, beispielsweise Radialverdichter, müssen wegen der flachen Kennlinie jeweils speziell auf den Arbeitspunkt optimiert werden, bauen jedoch sehr kompakt, so daß sie bevorzugt in industriellen Systemen verwendet werden.

## 11.2 Gestaltung der Gasströmung

Bei der Einströmungsvorrichtung in Gasentladungsstrecken ist darauf zu achten, daß im Einströmgebiet des Rohres ein homogenes und ablösungsfreies Strömungsprofil erzeugt wird. Bei geringen Druckverlusten sollen der Rohrströmung weiterhin eine möglichst gleichmäßige Turbulenz und eine definierte Drallströmung im Bereich des schwachen Dralls $0.4 \leq |S_{p,0}| \leq 0.6$ aufgeprägt werden. Dies ist beispielsweise durch die Verwendung der in Kapitel 6.2.3 empfohlenen Gasleiteinrichtung möglich.

Die Ausströmungsvorrichtung von Gasentladungsstrecken wird in dieser Arbeit nicht näher behandelt, weil die in [65] vorgeschlagene Lösung ohne Modifizierung im Experiment verwendet wurde. Sie erfüllt in geeigneter Weise die an Ausströmvorrichtungen gestellten Forderungen, die wie folgt zusammengefaßt werden können: Eine Ausströmungsvorrichtung hat zur Aufgabe, die zwei mit hohen subsonischen Geschwindigkeiten aufeinander zufließenden Gasströme zweier Entladungsstrecken druckverlustarm und ohne parasitäre optische Wirkung auf das Strahlungsfeld umzulenken. Letzteres konnte durch vergleichende interferometrische Messungen an zwei gegengeströmten Entladungsstrecken nachgewiesen werden. Dabei wurden einmal die zwei Strecken mit identischer Entladungskonfiguration betrieben, einmal wurde eine der zwei Strecken stillgelegt. Die jeweils gemessenen Phasendeformationsprofile waren gleich im Verlauf, lediglich die maximale optische Weglängendifferenz war im ersten Fall ungefähr doppelt so groß.

## 11.3 Gestaltung der Elektroden

In den voranstehenden Kapiteln ist unter anderem gezeigt worden, daß die konzentrischen wie auch die nichtkonzentrischen, gewendelten Elektroden den geradlinigen vorzuziehen sind. Im folgenden werden für diese beide Wendelformen Konstruktionsempfehlungen gegeben:

Die Ausgangsbasis der Konstruktion ist entweder die sich aus Kapitel 11.1 ergebenden Geometriedaten oder ein bereits existierendes Lasersystem. Der Rohrradius $R$ und die Rohrlänge $L$ liegen also vor. Die Rohrlänge bezeichnet hier auch die lichte Weite vom geerdeten Einströmblock zum geerdeten Ausströmblock. Basierend auf diesen zwei Parametern können bereits die Position und die Formgebung der hier empfohlenen Elektroden angegeben werden. Zunächst werden die Längen- und Positionsangaben in Strömungsrichtung gegeben. Siehe hierzu Abbildung 11.1.

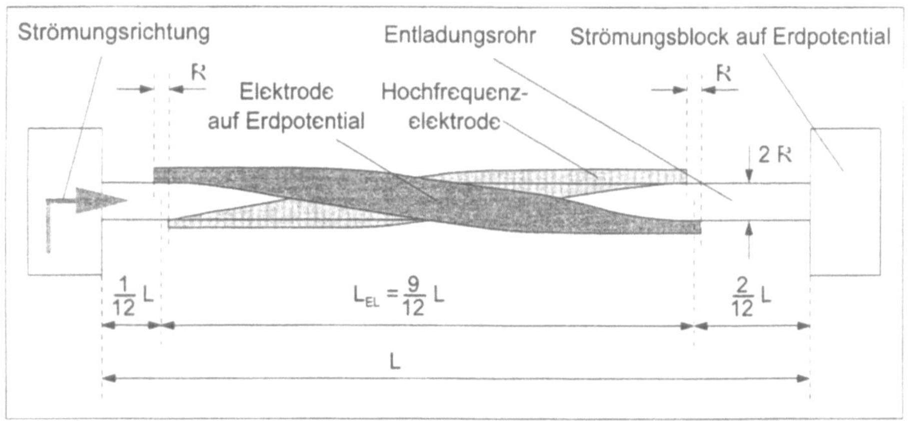


Abb. 11.1: Position und Länge der Elektroden in Strömungsrichtung und in Abhängigkeit vom Rohrradius und der Rohrlänge.

Für die mittlere Elektrodenlänge wird

$$L_{El} = (3/4)L \tag{11.11}$$

empfohlen. Der verbleibende Teil der Rohrlänge muß für die Isolationsabstände zu den geerdeten Strömungsblöcken genutzt werden. Weil das Gas durch Ionisationsvorgänge eine sehr viel höhere Leitfähigkeit in der Rohraustrittsregion aufweist als in der Eintrittsregion, sollte der Austrittsisolationsabstand doppelt so groß wie der am Eintritt sein. Damit liegt die mittlere Elektrodenposition fest. Sie stellt einen Kompromiß dar zwischen den Zielen Vermeidung parasitärer äußerer Entladungserscheinungen und hohe Kompaktheit der Entladungsstrecke.

Die Verwendung einer längeren geerdeten sowie einer kürzeren Hochfrequenz-Elektrode ist ein geeignetes Mittel, um die durch die asymmetrische Hochfrequenzzufuhr eingebrachten Inhomogenitäten zu kompensieren. Dieser bereits in [63] im Detail vorgestellte Sachverhalt führt zu der Empfehlung, daß sich die Elektrodenmitten genau gegenüberstehen und die längere Elektrode die kürzere an beiden Enden um eine Länge, die gerade dem Rohrradius entspricht, überragt.

Die Steigung dieser beiden gewendelten Elektroden ist verschieden und ergibt sich aus der jeweiligen Elektrodenlänge und dem vollständigen Drehwinkel von 180°. Eine negative Folge dessen ist, daß die zwei Elektroden sich nur am Ort der Elektrodenmitten genau gegenüberstehen. Zu den Elektrodenenden hin sind die Querschnitte zunehmend gegeneinander verdreht. Diese bewußt in Kauf genommene Asymmetrie ist jedoch von so geringer Bedeutung, daß innerhalb der Meßgenauigkeit der hier vorgestellten Meßmethoden keine negativen Auswirkungen nachweisbar sind.

In Abbildung 11.2 sind zwei Elektroden- und Rohrquerschnitte senkrecht zur Strömungsrichtung dargestellt. Für die Abbildung wurde wegen der oben erwähnten Asymmetrie der Bereich der Elektrodenmitten gewählt.

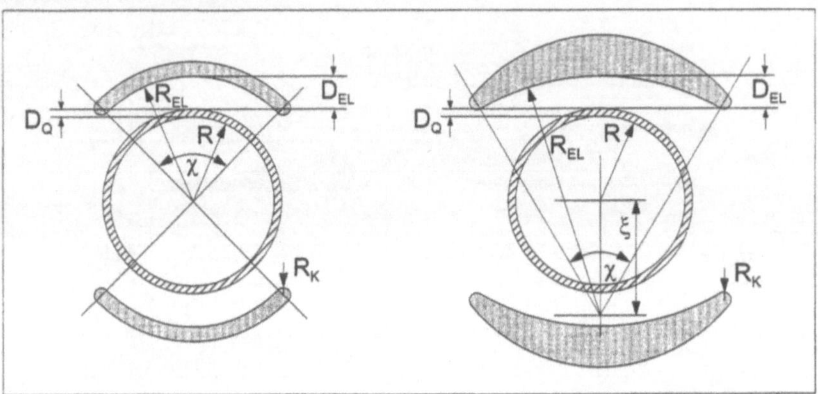


Abb. 11.2: Elektroden- und Rohrquerschnitt des mittleren Elektrodenbereichs senkrecht zur Strömungsrichtung. Konzentrische und nichtkonzentrische Form.

Im Rohrradiusbereich $7\,\mathrm{mm} \le R \le 27\,\mathrm{mm}$ wurden mit der Quarzrohr-Wanddicke $D_Q = 2$ mm die besten Erfahrungen[1] gemacht. Der Luftspalt zwischen Elektrode und Quarzrohr hingegen sollte in quadratischer Abhängigkeit vom Rohrradius gewählt werden:

$$\frac{D_{EL}}{R^2} = 17\ \mathrm{m}^{-1} \tag{11.12}$$

Diese Skalierungsbeziehungen können sowohl für die konzentrische wie auch für die nichtkonzentrische Elektrodenform empfohlen werden.

Mit Gleichung 11.12 ist für die konzentrische Elektrode der Elektrodenradius bereits zu $R_{El} = R + D_Q + D_{El}$ festgelegt. Für geringste Phasendeformationen und höchste Entladungsstabilität entspricht der Kreisausschnitt im konzentrischen Fall genau dem eines 1/4-Kreises. Der Elektrodenöffnungswinkel beträgt also gerade

$$\chi = 90° . \tag{11.13}$$

Der Kantenradius beider Elektrodenarten sollte eine bestimmte Größe nicht unterschreiten, weil sonst die Gefahr parasitärer äußerer Entladungen wie auch die Neigung zur Ozonproduk-

1. Bei einer geringeren Dicke ist die durch *Sputtereffekte* bewirkte Bruchgefahr zu groß. Quarzrohre größerer Wanddicke verkleinern hingegen entweder den „wertvolleren" Luftspalt oder führen zu unnötig großvolumigen Entladungsstrecken.

tion durch Koronaentladung mit dem damit verbundenen Leistungsverlust überproportional zunimmt. Der empfohlene Kantenradius beträgt $R_K \geq 1.5$ mm.

Bei der nichtkonzentrischen Elektrodenform liegt der Mittelpunkt des Rohres und derjenige der Elektrodenform um eine Strecke $\xi$ auseinander. Im Verlauf der Wendelung rotiert der Mittelpunkt der Elektrode mit dem Radius $\xi$ einmal um die Mittellinie des Quarzrohres. Eine geeignete Beziehung ist:

$$\xi = \frac{4}{3}R\,. \tag{11.14}$$

Mit Gleichung 11.14 ist für die nichtkonzentrische Elektrode der Elektrodenradius zu $R_{El} = R + D_Q + D_{El} + \xi$ festgelegt. Für geringste Phasendeformationen und höchste Entladungsstabilität ergibt sich die optimale Elektrodenbreite im nichtkonzentrischen Fall aus dem empfohlenen Elektrodenöffnungswinkel

$$\chi = 60°\,. \tag{11.15}$$

Diese zwei gewendelten Elektrodenformen sind nach Meinung des Autors für Lasersysteme aller Leistungsklassen, in stabilen als auch in instabilen Resonatorkonzepten, geeignet. Es ist jedoch denkbar, daß der Wunsch besteht, abweichend von einer möglichst geringen Phasendeformation in der einzelnen Entladungsstrecke, bewußt eine fokussierende oder auch eine defokussierende Wirkung auf das resonatorinterne Strahlungsfeld auszuüben. Dies ist im folgenden diskutiert.

## 11.4 Aktiv fokussierend sowie defokussierend wirkende Elektrodenformen

Für eine bewußte Beeinflussung des resonatorinternen Strahlungsfeldes bieten sich neben den Entladungsstrecken selbst auch die resonatorinternen Umlenkspiegel an. Sphärische Spiegel führen jedoch zu Astigmatismus, Toroide hingegen sind resonatorintern schwerer zu justieren.

Eine Fokussierung des resonatorinternen Strahlungsfeldes könnte beispielsweise die Divergenz der resonatorinternen Strahlkaustik reduzieren und damit eine bessere Ausnutzung des laseraktiven Mediums, also einen höheren Wirkungsgrad gestatten. Die Defokussierung hingegen könnte, ähnlich wie resonatorinterne Blenden, durch Begünstigung des Grundmodes die Fokussierbarkeit der emittierten Strahlung, auf Kosten des Wirkungsgrades, erhöhen.

Beiden Wünschen kann prinzipiell durch eine Modifikation der nichtkonzentrischen, gewendelten Elektrodenform entsprochen werden. Die fokussierende Eigenschaft kann beispielsweise durch Erhöhung der Elektrodenbreite oder Verringerung des Elektrodenradius erreicht werden. Beispielhaft dafür ist in Abbildung 11.3 eine Verteilung der gemessenen optischen Weglängendifferenzen dargestellt. Die verwendete nichtkonzentrische, gewendelte Elektrodenform entspricht den im vorangegangenen Kapitel gegebenen Skalierungsformeln bis auf die im folgenden angeführten Abweichungen. Statt den Gleichungen 11.14 und 11.15 wurden $\xi = (2/3)R$ und $\chi = 75°$ verwendet.

Die eingekoppelte Leistung betrug 24 kW, der Einströmgasdruck 145 hPa, die Ausström-*Mach*-Zahl 0.75 wurde erreicht.

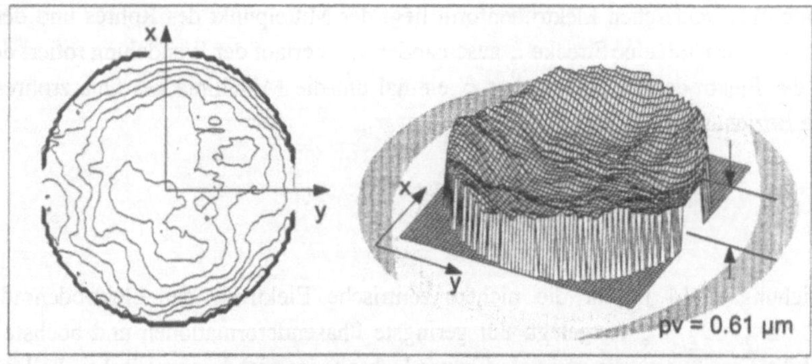


Abb. 11.3: Gemessenes Profil optischer Weglängendifferenzen. Höhenlinienprojektion und quasi-dreidimensionale Darstellung. Nichtkonzentrische, negativ gewendelte Elektroden. Drallzahl $S_{p,0} = 0.55$.

Im Vergleich zur minimalen Phasenfrontdeformation wird die außen vorauseilende Phasenfront durch eine eher homogene Einkopplung der elektrischen Leistung erreicht. Dadurch wird die unvermeidliche Temperaturerhöhung in den äußeren Strömungsbereichen weniger kompensiert. Besonders beachtenswert ist dabei die Tatsache, daß diese eher homogene Einbringung der Leistung geringere Leistungsdichten erlaubt. Die Grenzlinie zwischen normalem und anomalen Betriebsbereich, ebenso wie der lokale Grenzschichtdurchbruch liegt bei um ca. 8 % geringeren Leistungen.

Analog zur fokussierend wirkenden Form kann eine defokussierend wirkende, nichtkonzentrische, gewendelte Elektrode durch Verringerung der Elektrodenbreite oder Erhöhung des Elektrodenradius erreicht werden.

Die defokussierende, nicht jedoch die fokussierende Wirkung kann auch mit der konzentrischen, gewendelten Elektrodenform realisiert werden. Es muß dazu lediglich die Elektrodenbreite, also der Elektrodenöffnungswinkel, verringert werden. Die in Abbildung 11.4 abgebildete Verteilung gemessener optischer Weglängendifferenzen wurde anstelle gemäß Gleichung 11.13 mit dem Elektrodenöffnungswinkel $\chi = 55°$ bei der eingekoppelten Leistung 18 kW realisiert.

Diese vergleichsweise schmale Elektrode führt durch Überkompensation der Temperaturerhöhung in den äußeren Strömungsbereichen zu einer im mittleren Bereich voreilenden Phasenfront. Die defokussierend wirkende Elektrodenform erlaubt, wie auch die fokussierend wirkende Form, nur verhältnismäßig geringe Leistungsdichten. Im Vergleich zu der in Kapitel 11 empfohlenen, eher neutral wirkenden konzentrischen Form, findet der Übergang von normalem zu anomalem Betriebsbereich, wie auch der lokale Grenzschichtdurchbruch, bereits bei um ca. 20 % reduzierten Leistungen statt.

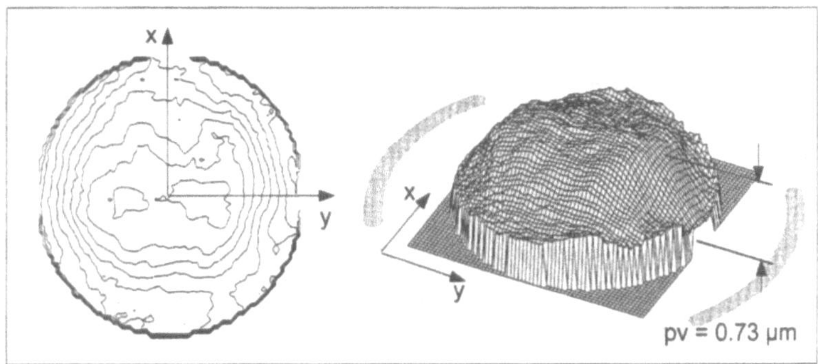


Abb. 11.4: Gemessenes Profil optischer Weglängendifferenzen. Höhenlinienprojektion und quasi-dreidimensionale Darstellung. Konzentrische, negativ gewendelte Elektroden. Drallzahl $S_{p,0} = 0.55$.

Durch einfache Abschätzungen kann gezeigt werden, daß für den Betrag der äquivalenten Linsenbrennweiten $f$ bei den gezeigten Beispielen pro Entladungsstrecke $|f| > 400$ m gilt.

Zusammenfassend kann daher die Empfehlung ausgesprochen werden, auf aktiv fokussierend oder defokussierend wirkende Elektrodenformen zu verzichten. Die in Kauf zu nehmenden Einbußen an möglicher Leistungsdichte überwiegen die erzielbaren optischen Effekte deutlich.

## 11.5 Demonstration der erreichten konkreten Ergebnisse

Bis zum Zeitpunkt der Drucklegung der vorliegenden Arbeit wurden die Erkenntnisse oder Teile davon bei fünf verschiedenen Lasersystemen angewandt. Dabei handelte es sich einerseits um Optimierungsarbeiten an zwei bereits industriell erprobten und kommerziell erhältlichen Systemen und andererseits um drei Neuentwicklungen. Im folgenden sind die durchweg positiven Resultate kurz dokumentiert:

**Industrielaser der 3 kW-Klasse**

Die Laserstrahlquelle TLF 3001 turbo der Firma Trumpf Lasertechnik erzeugt in der Standardversion eine Strahlleistung von 3400 W bei dem Strahlpropagationsfaktor $k = 0.58$. Durch Umrüstung auf gewendelte, konzentrische Elektroden, die durch einfaches Blechprägen hergestellt wurden, erhöhte sich der Strahlpropagationsfaktor auf $k = 0.73$ bei mindestens der gleichen Strahlleistung. Die Orientierung der Elektroden wurde gegen die des herrschenden Gasdralls gewählt.

In Abbildung 11.5 ist eine Entladungsstrecke dargestellt. Im hinteren Teil der Entladungsstrecke sind Reflexionen der Laborbeleuchtung wahrzunehmen. Das Ende der Gasentladung selbst ist dadurch leider schwer zu erkennen

Abb. 11.5: Entladungsstrecke des TLF 3001 turbo mit gewendelten, konzentrischen Blechelektroden. Gasströmung von links nach rechts. $P_{EL} = 1900\,\mathrm{W}$.

**Industrielaser der 5 kW Klasse**

Die Laserstrahlquelle TLF 5000 der Firma Trumpf Lasertechnik ist ein älteres Lasersystem und erzeugt in der am Institut für Strahlwerkzeuge sich befindenden Standardversion eine Strahlleistung von 5000 W bei dem Strahlpropagationsfaktor $k = 0.20$. Durch Umrüstung auf gewendelte, konzentrische Elektroden, die durch Rohrausschnitt hergestellt wurden, erhöhte sich der Strahlpropagationsfaktor auf $k = 0.27$ bei der gleichen Strahlleistung. Weitere Ergebnisse dieser Systemumrüstung sind in [47] dokumentiert.

**Industrielaser der 12 kW Klasse**

Die Laserstrahlquelle TLF 12000 turbo der Firma Trumpf Lasertechnik wurde in einer Zusammenarbeit der Firma Trumpf Laser-, Forschungs- und Entwicklungsgesellschaft mbH, des Instituts für Lasertechnik in Aachen und des Instituts für Strahlwerkzeuge entwickelt. Dem Autor fiel dabei die Aufgabe zu, die Entladungsstrecken auszulegen. Bei der Strahlleistung 10000 W erreicht der Laser – bei jeweils optimierten Elektrodensystemen – mit geradlinigen, nichtkonzentrischen Elektroden den Strahlpropagationsfaktor $k = 0.20$, mit gewendelten konzentrischen Elektroden hingegen $k = 0.27$ [66]. Die Strahlleistung 12000 W ist aus Gründen der höheren Entladungsgüte nur mit den gewendelten, konzentrischen Elektroden möglich. Die Elektroden sind durch Rohrausschnitt hergestellt.

**Prototypenlaser der 30 kW Klasse**

Der Prototyp TLF 30000 turbo der Firma Trumpf Lasertechnik wurde ebenfalls in einer Zusammenarbeit der Firma Trumpf Laser-, Forschungs- und Entwicklungsgesellschaft mbH, des Instituts für Lasertechnik in Aachen und des Instituts für Strahlwerkzeuge entwickelt. Dem Autor fiel dabei wieder die Aufgabe zu, die Entladungsstrecken auszulegen. Bei der Strahlleistung 25000 W erreicht der Laser mit gewendelten, konzentrischen Elektroden einen Strahlpropagationsfaktor $k > 0.3$ [67]. Der Resonator ist vom instabilen Typ mit der Besonderheit, daß für die Strahlauskopplung ein aerodynamisches Fenster [68] eingesetzt wird. Die Elektroden sind durch Rohrausschnitt hergestellt. Ein Betrieb mit geradlinigen Elektroden ist nicht möglich.

In Abbildung 11.6 ist eine Entladungsstrecke dargestellt. Im hinteren Teil der Entladungsstrecke sind Reflexionen der Laborbeleuchtung sichtbar. Das Ende der Gasentladung selbst ist dadurch leider schwer zu erkennen.

Abb. 11.6: Entladungsstrecke des TLF 30000 turbo mit gewendelten, konzentrischen Elektroden. Gasströmung von links nach rechts. $P_{EL} = 20000\,\mathrm{W}$.

**Forschungslaser der 10 kW Klasse**

Der Forschungslaser wird lediglich zwei Entladungsstrecken aufweisen, die genau den in dieser Arbeit als Optimum vorgestellten entsprechen, das heißt die Drallzahl in den Rohreintrittsregionen beträgt $S_{p,0} = 0.55$, in der Austrittsregion wird die Machzahl $Ma = 0.75$ erreicht. Die gewendelten Elektroden sind nichtkonzentrisch und gegen die Drallrichtung ausgelegt. Die projektierte HF-Leistung pro Entladungsstrecke beträgt 25 kW–28 kW. Bei einem einfachen Resonatordurchgang erfährt die resonatorinterne Strahlung dann eine maximale Phasendeformation von lediglich $pv \leq 0.6\ \mu\mathrm{m}$. Ein Betrieb mit geradlinigen oder gewendelten, konzentrischen Elektroden ist bei diesen Bedingungen nicht möglich. Die nichtkonzentrischen, gewendelten Elektroden wurden segmentweise gefräst und dann verschraubt. In Abbildung 11.7 ist eine Entladungsstrecke dargestellt.

Abb. 11.7: Entladungsstrecke des Forschungslasers mit gewendelten, nichtkonzentrischen Elektroden. Gasströmung von links nach rechts. $P_{EL} = 28000\,\mathrm{W}$, $S_{p,0} = 0.55$, $Ma = 0.75$.

# 12 Zusammenfassung

Die vorliegende Schrift behandelt Meßmethoden und Modellbetrachtungen, mit denen quantifizierbare Entwicklungen auf dem Gebiet der schnell längsgeströmten $CO_2$-Hochleistungslaser durchführbar wurden. Darauf basierend konnten konkrete Vorschläge zur Verbesserung dieser Lasersysteme hinsichtlich Strömungs- und Entladungstechnik erarbeitet werden. Anhand einer Reihe von modifizierten oder neuen Lasersystemen konnte dokumentiert werden, daß ein nennenswerter Beitrag zur Laserentwicklung geleistet wurde.

Unter anderen werden folgende neuentwickelte Meßmethoden vorgestellt:

- Optischer Nachweis von mechanischen Schwingungen.
- Interferometrische Bestimmung der durch Turbulenz erhöhten, effektiven Temperaturleitfähigkeit und der Drallzahl bei Rohrströmungen.
- Nachweis von Choking durch Druckverlustmessungen.
- Optische Messung der zeitlichen Erwärmung von Entladungsrohren.

Der Einsatz dieser Meßverfahren zusammen mit einer Modellrechnung, mit der die Gasdichteverteilung in schnell geströmten Gasentladungsstrecken in Abhängigkeit von Strömungs- und Entladungsgestaltung abgeschätzt werden kann, führte zu folgenden Aussagen bzw. Entwicklungen:

Die bei schnell längsgeströmten $CO_2$-Hochleistungslasern üblichen Rohrströmungen sind nicht hydrodynamisch ausgebildet. Deshalb weisen die Rohrreibung sowie die sich ausbildenden Geschwindigkeits- und Temperaturverteilungen erhebliche Abhängigkeiten von der Rohrposition auf.

Das von theoretischen Arbeiten her bekannte Rohrströmungsphänomen Choking wirkt sich bereits bei *Mach*-Zahlen kleiner 1 aus. Ab $Ma_{aus} \approx 0.75$ nimmt der Druckverlust so stark zu, daß der Versuch, $Ma_{aus} = 1$ zu erreichen, unmöglich scheint, in jedem Falle jedoch nicht wirtschaftlich ist. Die Entladungsstabilität wird von Choking nicht beeinträchtigt.

Die Strömungsumlenkungen im Rohreintritts- und Rohraustrittsbereich bedingen dort eine Variation der Gasdichte. Bei geeigneter Gestaltung dieser Bereiche können negative Auswirkungen auf die optische Qualität des Gesamtsystems jedoch vernachlässigt werden.

Bei schnell längsgeströmten Gasentladungsstrecken ist die Wärmeableitung durch Diffusion über die Rohrwandungen im thermodynamisch eingeschwungenen Zustand unerheblich. Im Einschaltvorgang der Gasentladung ist die thermisch induzierte Linsenwirkung jedoch nicht zu vernachlässigen. Die exponentielle Aufwärm-Zeitkonstante der Entladungsrohre bestimmt vielmehr dominant das Einschaltverhalten eines $CO_2$-Lasers.

Für höchstmögliche optische Qualität und Entladungsstabilität schnell längsgeströmter Entladungsstrecken ist eine geeignete Kompensation der in der schnellen Rohrströmung nach außen ansteigenden Gastemperatur erforderlich. Der Turbulenzgrad der Strömung sollte so hoch und so gleichmäßig wie möglich sein und es soll möglichst im gesamten Rohrvolumen eine sogenannte Wirbelkernströmung, also eine Rohrströmung mit schwachem Drall, etabliert werden.

Für den interessierten Laserentwickler wird eine Rohreinströmgestaltung vorgeschlagen, die geeignet ist, den vorstehenden Anforderungen zu genügen.

In einer Gegenüberstellung verschiedener Elektrodenformen wird gezeigt, daß gewendelte Elektrodenformen grundsätzlich geradlinigen vorzuziehen sind. Sie prägen der Gasentladung einen hohen Grad an Rotationssymmetrie auf und führen bei einer gegenorientierten Drallströmung zu einer quasi-Erhöhung der Drallintensität, ohne daß dabei die Wirbelkernströmung aufgegeben werden muß. Der Einsatz der vorgeschlagenen gewendelten, konzentrischen Elektrodenformen erlaubt deshalb im Vergleich zu allen geradlinigen Elektroden:

- eine höhere optische Qualität des laseraktiven Mediums (siehe Kapitel 8)

  und damit verbunden

- eine gleichmäßigere Verstärkungsverteilung im Rohrquerschnitt (siehe Kapitel 10)

  sowie

- eine höhere Entladungsstabilität bzw. Entladungsgüte (siehe Kapitel 9)

  und somit

- eine höhere Leistungsdichte, d.h. einen höheren Grad an Systemkompaktheit (siehe Kapitel 9).

Diesen Vorteilen stehen keine fertigungsbedingten Argumente zugunsten der geradlinigen Elektroden gegenüber. Die gewendelten, konzentrischen Elektroden sind wie auch alle geradlinigen beispielsweise durch einfachen Ausschnitt aus einem geeigneten Metallrohr zu gewinnen.

Bei den vorgeschlagenen gewendelten Elektroden erreichen die nichtkonzentrischen gegenüber den konzentrischen Elektroden:

- eine um ca. 20 % geringere Phasendeformation bei gleicher Leistung, bzw. eine um ca. 10 % höhere Leistung bei gleicher Phasendeformation (siehe Kapitel 8)

  sowie

- eine um ca. 25 % höhere maximale Leistungsdichte (siehe Kapitel 9).

Es ist allerdings zu beachten, daß die gewendelten, nichtkonzentrischen Elektroden wegen ihrer *korkenzieherähnlichen* Form nicht durch einfachen Rohrausschnitt herstellbar sind. Im industriellen Maßstab, also bei großen Stückzahlen, kann jedoch auch diese Elektrodenform beispielsweise durch Prägeverfahren kostengünstig hergestellt werden.

Für eine konkrete Umsetzung der erzielten Ergebnisse in Entwicklungsabteilungen findet sich eine Zusammenstellung aller nötigen Skalierungsbeziehungen und Konstruktionshinweise.

# Literaturverzeichnis

[1] HÜGEL, H.: *Strahlwerkzeug Laser: Eine Einführung.* Stuttgart: Teubner, 1992 (Teubner Studienbücher Maschinenbau).

[2] GRÖBER, H.; ERK; GRIGULL: *Die Grundgesetze der Wärmeübertragung.* Berlin: Springer, 1988. 3. Auflage / 3. Neudruck.

[3] BAEHR, H.D.; STEPHAN, K.: *Wärme- und Stoffübertragung.* Berlin: Springer, 1994 (Springer Lehrbuch).

[4] KNEUBÜHL, F. K.; SIGRIST, M. W.: *Laser.* Stuttgart: Teubner, 1988 (Teubner Studienbücher Physik)

[5] HÜGEL, H.: *Zur Strömung kompressibler Plasmen im Eigenfeld von Lichtbogenentladungen.* In: Forschungsbericht 70-13 der Deutschen Forschungs- und Versuchsanstalt für Luft- und Raumfahrt, 1970.

[6] SHAPIRO, A., H.: *The Dynamics and Thermodynamics of Compressible Fluid Flow.* New York: Wiley, 1953.

[7] BARTLMÄ, F.: *Gasdynamik der Verbrennung.* New York: Springer,1975.

[8] SCHLICHTING, H.: *Grenzschicht-Theorie.* Karlsruhe: Braun, 8. Auflage, 1982.

[9] ECK, B.: *Technische Strömungslehre.* Berlin: Springer, Band 1: Grundlagen; 1988.

[10] SCHILLER, L.; KIRSTEN, H.: *Die Entwicklung der Geschwindigkeitsverteilung bei der turbulenten Rohrströmung.* Deutsche Zeitschrift für technische Physik. **10**, (1929).

[11] FILIPPOV, G. V.: *On Turbulent Flow in the Entrance Length of a Straight Tube of Circular Cross-Section.* Soviet Physics - Technical Physics. **3**, (1958), Nr. 7.

[12] LATZKO, H.: *Der Wärmeübergang an einen turbulenten Flüssigkeits- und Gasstrom.* Zeitschrift für angewandte Mathematik und Mechanik. **1**, (1923), Nr. 4.

[13] SZABLEWSKI, W.: *Der Einlauf einer turbulenten Rohrströmung.* Ingenieurarchiv. **21**, (1953).

[14] BARTLMÄ, F.: *Instationäre Strömungsvorgänge bei Überschreiten der kritischen Wärmezufuhr.* Zeitschrift für Flugwissenschaften. **11**, (1963), Nr. 4.

[15] WIEGHARDT, K.: *Turbulente Grenzschichten.* Göttinger Monographie, Part B5, 1946.

[16] WARD-SMITH, A. J.: *Internal Fluid Flow: The Fluid Dynamics of Flow in Pipes and Ducts.* Oxford: Clarendon Press, 1980.

[17] HOLETZKE, E.: *Theoretische Modelluntersuchungen in längsgeströmten $CO_2$-Lasern mit Hochfrequenzanregung.* In: Interner Bericht der DFVLR (IB 441-003/85), Institut für Technische Physik, 1985.

[18] WESTER, R.: *Hochfrequenzentladung zur Anregung von $CO_2$-Lasern.* RWTH Aachen, Dissertation, 1987 (Fakultät für Maschinenwesen).

[19] SMITH, K; THOMSON, R. M.: *Computer Modelling of Gas Lasers.* New York: Plenum Press, 1987.

[20] BREINING, K.: *Auslegung und Vermessung von Gasentladungsstrecken für $CO_2$ - Hochleistungslaser.* Forschungsberichte des IFSW, B. G. Teubner, Stuttgart, 1996.

[21] HAUF, W.; GRIGULL, U.; MAYINGER, F.: *Optische Meßverfahren der Wärme- und Stoffübertragung.* Berlin: Springer, 1991.

[22] WUEST, W.: *Strömungsmeßtechnik.* Braunschweig: Vieweg, 1969.

[23] OERTEL, H.: *Optische Strömungsmeßtechnik.* Karlsruhe: Braun, 1989.

[24] BORIK, S.: *Einfluß optischer Komponenten auf die Strahlqualität von Hochleistungslasern.* Forschungsberichte des IFSW, B. G. Teubner, Stuttgart, 1993.

[25] TIZIANI, H.; J.: *Programm zur Analyse von Interferenzstreifen.* Institut für Technische Optik. Universität Stuttgart.

[26] STUDER, J.; ZIEGLER, A.: *Bodendynamik: Grundlagen, Kennziffern, Probleme.* Berlin: Springer, 1986.

[27] SPLITTGERBER, H.: *Immissionsmeßgrößen bei Erschütterungen in Gebäuden.* VDI-Bericht Nr. 284, 1977.

[28] BATTERMANN, W.; KÖHLER, R.: *Elastomere Federungen, Elastische Lagerung. Grundlagen ingenieurmäßiger Berechnung und Konstruktion.* Berlin: Ernst & Sohn, 1982.

[29] KÄPPELI, E.: *Strömungslehre und Strömungsmaschinen.* Frankfurt am Main: Deutsch, 1987.

[30] POHLHAUSEN, E.: *Der Wärmeaustausch zwischen festen Körpern und Flüssigkeiten mit kleiner Reibung und kleiner Wärmeleitung.* Zeitschrift für angewandte Mathematik und Mechanik. Band 1, 1923. Seite 115.

[31] JUNG, I.: *Wärmeübergang und Reibungswiderstand bei Gasströmung in Rohren bei hohen Geschwindigkeiten.* VDI-Verlag GmbH, Forschungsheft 380. 1936.

[32] ECKERT, E. R. G.; DRAKE, M.: *Analysis of Heat and Mass Transfer.* New York: McGrawHill, 1972.

[33] WAGNER, R.: *Einfluß des elektrischen Feldes auf die HF-angeregte $CO_2$ Lasergasentladung.* TH Aachen, Dissertation, D82, 1992.

[34] REICHARDT, H.: *Die Grundlagen des turbulenten Wärmeübergangs.* Arch. ges. Wärmetechn. **2**, (1951), Nr. 6/7.

[35] SHWARTZ, J.; LAVIE, Y.: *Effects of Turbulence on a Weakly Ionized Plasma Column.* AIAA-Journal. **13**, (1975), No 5.

[36] MYSHENKOV, V. I.; MAKHVILADZE, G., M.: *Suppression of the Ionization Instability in a Glow Discharge by Turbulent Transport.* Soviet Journal of Plasma Physics, 4(2), 1978.

[37] SCHWEDE, H.: *Untersuchung der räumlichen Homogenität von Hochfrequenzentladungen zur Anregung von $CO_2$-Hochleistungslasern.* TH Aachen, Dissertation, D82, 1992.

[38] TRAUB, E.: *Über rotierende Strömungen in Rohren und ihre Anwendung zur Stabilisierung von elektrischen Flammenbogen.* Annalen der Physik. **5**, (1933), Nr. 18.

[39] LOOSEN, P.: *Hochleistungs-$CO_2$-Laser mit axialer Gasströmung zum Einsatz in der Materialbearbeitung.* TH Darmstadt, Dissertation, 1985.

[40] KITOH, O.: *Experimental Study of Turbulent Swirling Flow in a Straight Pipe.* Journal of Fluid Mechanics. , (1991), Nr. 225.

[41] ARMFIELD, S., W.; FLETCHER, C., A., J.: *Comparison of $\kappa-\varepsilon$ and Algebraic Reynolds Stress Models for Swirling Diffuser Flow.* International Journal for Numerical Methods in Fluids. , (1989), Nr. 9.

[42] HIRAI, S.; TAKAGI, T.: *Numerical Prediction of Turbulent Mixing in a Variable-Density Swirling Pipe Flow.* International Journal of Heat and Mass Transfer. **34**, (1991), No.: 12, p: 3143.

[43] MUNDUS, B; KREMER, H.: *Untersuchung der strömungstechnischen Eigenschaften unterschiedlicher Bauformen von Drallerzeugern.* Gaswärme international. **38**, (1989), Nr. 4.

[44] OWER, E.; PANKHURST, R.C.: *The Measurement of Air Flow.* Oxford: Pergamon Press, (1977).

[45] PALIK, E., D.: *Handbook of Optical Constants of Solids.* Orlando: Academic Press, Inc., 1985.

[46] ECKERT, E., R., G.: *Wärme- und Stoffaustausch.* Berlin: Springer, 1966.

[47] PFEIFFER, W.; BEA, M.; HERDTLE, A.; GIESEN, A.; HÜGEL, H,: *Minimized Phase Distortion in Industrial High-Power $CO_2$ Lasers.* In: Bohn, Hügel (Hrsg.), 10th International Symposium on Gas Flow and Chemical Lasers, Friedrichshafen, 1994, SPIE, S.583 (Proc. SPIE Vol. 2502).

[48] Norm: DIN EN ISO 11145/146: Strahlpropagationsfaktor k.

[49] PAUL, R.: *Optimierung von HF-Gasentladungen für schnell längsgeströmte $CO_2$-Laser.* Forschungsberichte des IFSW, B. G. Teubner, Stuttgart, 1994.

[50] KARUBE, N.: *Coaxial $CO_2$ Laser using High-Frequency Excitation.* Fanuc ltd., European patent application, Nr.: 87901111.2, 1987.

[51] RAIZER, YURI P.: *Gas Discharge Physics.* Berlin: Springer, 1987.

[52] SCHMITZ, C.: *Mündliche Mitteilung,* Universität Stuttgart, 1996.

[53] LEVITSKY, S. M.: *An investigation of the Breakdown Potential of a High-Frequency Plasma in the Frequency and Pressure Transition Regions*. Sov. Phys. Tech. Phys. **2** (1958) Nr. 913, S. 887.

[54] MYSHENKOV, V.I.; YATSENKO, N. A.: *Prospects for using High-Frequency Capacitive Discharges in Lasers*. Soviet Journal of QuantumElectronics.**11** (1981), Nr.10, S.1297.

[55] YATSENKO, N. A.: *Influence of Dielectric Coating of Electrodes on Characteristics of Gas Lasers with Radio-Frequency Excitation*. Bulletin of the Russian Academy of Science. Vol. **58** (1994), No. 6, S.939.

[56] SCHMITZ, C; PFEIFFER, W.; GIESEN, A.; HÜGEL, H.: *Optimization of Power Deposition in RF-Excitated $CO_2$-Lasers by adding Gas Additives to the Laser Gas Mixture*. In: Baker, Hall (Hrsg.), 11th International Conference on Gas flow and Chemical Lasers and High Power Lasers. SPIE, Edinburgh, 1996, S.190 (Proc. SPIE Vol. 3092).

[57] HE, D.; HALL, D. R.: *Frequency Dependence in RF Discharge excited Waveguide $CO_2$ Lasers*. IEEE Journal of Quantum Elcctronics. **20** (1984) No. 5, S.509.

[58] AKIRTAVA, O.S. ET AL.: *Investigation on Optical Inhomogeneity of the Active Medium in a $CO_2$ Laser with HF-Excitation*. Soviet Journal of Quantum Electronics **17** (1987), No. 12, S. 1562.

[59] BENEKING, C.: *Impedance and Emission Properties of Capacitively coupled Hg-Ar Discharges*. Journal of Applied Physics **68** (1990), No. 11, S. 5435.

[60] ALEKSEEV, I. A. ET AL.: *Optical Homogeneity of the Flow in a Capacitive RF Discharge*. Technical Physics. 38 (1993), No. 8, S. 683.

[61] NIGHAN, W. L.; WIEGAND, W. L.: *Causes of Arcing in cw $CO_2$ Convection Laser Discharges*. Applied Physics Letters 25 (1974), Nr. 11 S. 633.

[62] PFEIFFER, W.; SCHMITZ, C.; GIESEN, A.; HÜGEL, H.: *Optimized Homogeneity and Stability of Gas Discharges in Fast Flow $CO_2$ Lasers operating at the Choking Limit*. In: Baker, Hall (Hrsg.), 11th Conference on Gas Flow and Chemical Lasers and High Power Lasers. SPIE, Edinburgh, 1996, S.227 (Proc. SPIE Vol. 3092).

[63] PFEIFFER, W.; BREINING, K.; PAUL, R.; WU, N.; GIESEN, A.; HÜGEL, H.: *Scalability of RF Discharges for High-Power $CO_2$ Lasers*. In: Bohrer, Letardi, Schuöcker, Weber (Hrsg.) High Power Gas and Solid State Lasers, SPIE Europto Series, Vienna, 1994, S. 80 (Proc. SPIE Vol. 2206).

[64] SIEGMAN, A.; E.: *Lasers*. University Science Books, Mill Valley, CA, 1986.

[65] NIEHOFF, J.: *Optimierung des Gaskreislaufs von $CO_2$-Höchstleistungslasern*. Dissertation D 82, RWTH Aachen, Shaker: Aachen, 1997.

[66] Persönliche Mitteilung CH. HERTZLER, Trumpf Laser- Forschungs- und Entwicklungsgesellschaft mbH, Aachen.

[67] HERTZLER, CH.: *30 kW Fast Axial Flow $CO_2$ Laser with a RF Excitation*. Proceedings of High power lasers: Besancon, France. SPIE Vol. 2788, 1996, S.14.

[68] KREPULAT, W.: *Aerodynamische Fenster für industrielle Hochleistungslaser*. Forschungsberichte des IFSW, B. G. Teubner, Stuttgart, 1996.

[69] FROHN, A.: *Einführung in die Technische Thermodynamik*. Wiesbaden: Aula, 1989 (Studien-Texte: Technik/Elektrotechnik). 2.,überarbeitete Auflage.

[70] VDI-GESELLSCHAFT: *VDI Wärmeatlas, Berechnungshilfen für den Wärmeübergang*. Düsseldorf: VDI-Verlag, 1994; 7.erw. Auflage; Redaktion: Kurt, H.

[71] WASHBURN, E. W.: *International Critical Tables of Numerical Data, Volume 7*. New York: McGraw Hill, 1930.

[72] MASON, E. A.; SAXENA, S. C.: *Approximate Formula for the Thermal Conductivity of Gas Mixtures*. The Physics of Fluids. **1**, (1958), Nr. 5.

[73] WILKE, C. R.: *A Viscosity Equation for Gas Mixtures*. The Journal of Chemical Physics. **18**, (1950), Nr. 4.

[74] REID, R. C.; PRASNITZ, J. M.; POLING, E. P.: *The Properties of Gases and Liquids*. New York: McGraw Hill, 1988, 4.

[75] BERSHADER, D.: *Some Aspects of the Refractive Behavior of Gases*. Modern Optical Methods in Gas Dynamic Research. New York: Plenum Press, (1971).

[76] MERZKIRCH, W.: *Flow Visualization*. Orlando: Academic Press, (1987).

[77] FEYNMAN, R.; P.: *The Feynman Lectures on Physics*. Reading: Addison-Wesley Publishing Company, Vol.1, (1977).

[78] LANDOLT-BÖRNSTEIN: *Zahlenwerte und Funktionen, 8.Teil: Optische Konstanten*. Berlin: Springer, 1962.

[79] BITTEL, H.: *Über den Brechungsindex von Gasgemischen*. Annalen der Physik. **5**, (1935), Nr. 23.

[80] VALENTINER, S.; ZIMMER, O.: *Über den Brechungsexponenten von Gasmischungen*. Braunschweig: Vieweg & Sohn, 1913 (Berichte der deutschen physikalischen Gesellschaft).

[81] GRÜNEWALD, K.; M.: *Modellierung der Energietransferprozesse in längsgeströmten $CO_2$-Lasern*. Forschungsberichte des IFSW, B. G. Teubner, Stuttgart, 1994.

# A Anhang

## A.1 Stoffwerte und Zustandsbeschreibungen für ternäre Gasgemische

Bei Gaslasern wird das Verhältnis der Gaskomponenten im allgemeinen mit Hilfe von Durchflußregelventilen eingestellt. Somit steht das Volumenverhältnis bzw. die jeweiligen Rauminhalte der drei beteiligten Gase $r_j$ fest. Die für den hier einzuschlagenden Rechenweg nötigen normierten Massenanteile $\xi_j$ ergeben sich mit den jeweiligen Molmassen $M_j$ zu [69]:

$$\xi_j = \frac{r_j M_j}{\sum_{i=1}^{3} r_i M_i} . \tag{A.1}$$

Die Zählerindizes *i,j* stehen für die drei beteiligten Gase $CO_2$, He und $N_2$. Daraus ergibt sich mit den jeweiligen spezifischen Gaskonstanten $R_{s,i} = R_U / M_i$ ($R_U = 8314.3$ J/kmolK ist die universelle Gaskonstante) die spezifische Gaskonstante des Gasgemischs zu:

$$R_s = \sum_{i=1}^{3} \xi_i R_{s,i} . \tag{A.2}$$

Analog dazu ergeben sich die spezifischen Wärmekapazitäten des Gemischs aus den einzelnen Wärmekapazitäten gemäß:

$$c_p = \sum_{i=1}^{3} \xi_i c_{p,i} , \tag{A.3}$$

$$c_v = \sum_{i=1}^{3} \xi_i c_{v,i} . \tag{A.4}$$

Für eine komplette Darstellung fehlt noch die Definition des Adiabatenkoeffizienten:

$$\kappa = \frac{c_p}{c_v} . \tag{A.5}$$

Bei den hier betrachteten Gaslasern ist die vereinfachende Annahme des Gasgemischs als ein *ideales Gas* gerechtfertigt, weil die entstehenden Fehler in dem hier interessierenden Druckbereich $0 < p < 1000$ hPa und Temperaturbereich $0 < T < 1000$ K vernachlässigbar klein sind [69]. Weiterhin gilt die Zustandsgleichung:

$$\rho = \frac{p}{T} \frac{1}{R_s} . \tag{A.6}$$

In der Tabelle A.1 sind die temperaturunabhängigen Stoffwerte der Gaskomponenten aufgeführt:

| | Molmasse $M$ | spezifische Gaskonstante $R_s$ |
|---|---|---|
| $CO_2$ | 44.009 kg/kmol | 188.92 J/kgK |
| He | 4.002 kg/kmol | 2077.54 J/kgK |
| $N_2$ | 28.013 kg/kmol | 296.80 J/kgK |

Tabelle A.1: Auswahl von temperaturunabhängigen Stoffwerten der Gemischkomponenten. Werte aus [70],[71]

Die Näherungsformeln für die Wärmeleitfähigkeit $\lambda_W$ und dynamische Viskosität $\eta$ von Gasgemischen werden in [72] und [73] unter Anwendung kinetischer Theorie zusammen mit geeigneten Näherungsannahmen angegeben:

$$\lambda_W = \sum_{i=1}^{3} \frac{\xi_i \lambda_{W,i}}{\sum_{j=1}^{3} \xi_j \varnothing_{K,ij}}, \tag{A.7}$$

$$\eta = \sum_{i=1}^{3} \frac{\xi_i \eta_i}{\sum_{j=1}^{3} \xi_j \varnothing_{K,ij}}. \tag{A.8}$$

Dabei gilt:

$$\varnothing_{K,ij} = \frac{\left(1 + \sqrt{\frac{\lambda_{W,i}}{\lambda_{W,j}}} \sqrt{\frac{M_i}{M_j}}\right)^2}{\sqrt{8\left(1 + \frac{M_i}{M_j}\right)}}. \tag{A.9}$$

Die Wärmeleitfähigkeit und die dynamische Viskosität des Gasgemisches ergeben sich in zueinander ähnlicher Weise, und die jeweiligen Terme $\varnothing_{K,ij}$ sind identisch, weil ein enger Zusammenhang zwischen Stoffwerten von zwei Gasen $i,j$ besteht [74]:

$$\frac{\eta_i}{\eta_j} = \frac{\lambda_{W,i}}{\lambda_{W,j}} \frac{M_i}{M_j}. \tag{A.10}$$

Die Stoffwerte $c_p$, $\eta$ und $\lambda_W$ sind in dem interessierenden Druckbereich nur abhängig von der Gastemperatur. Die konkreten Werte können Abbildung A.1 entnommen werden.

$c_v(\vartheta)$ ergibt sich dann aus $R_s = c_p(\vartheta) - c_v(\vartheta)$, wobei beim Standardgemisch $R_s = 865{,}712$ J/kgK beträgt. $\kappa(\vartheta)$ kann aus Gleichung A.5 bestimmt werden.

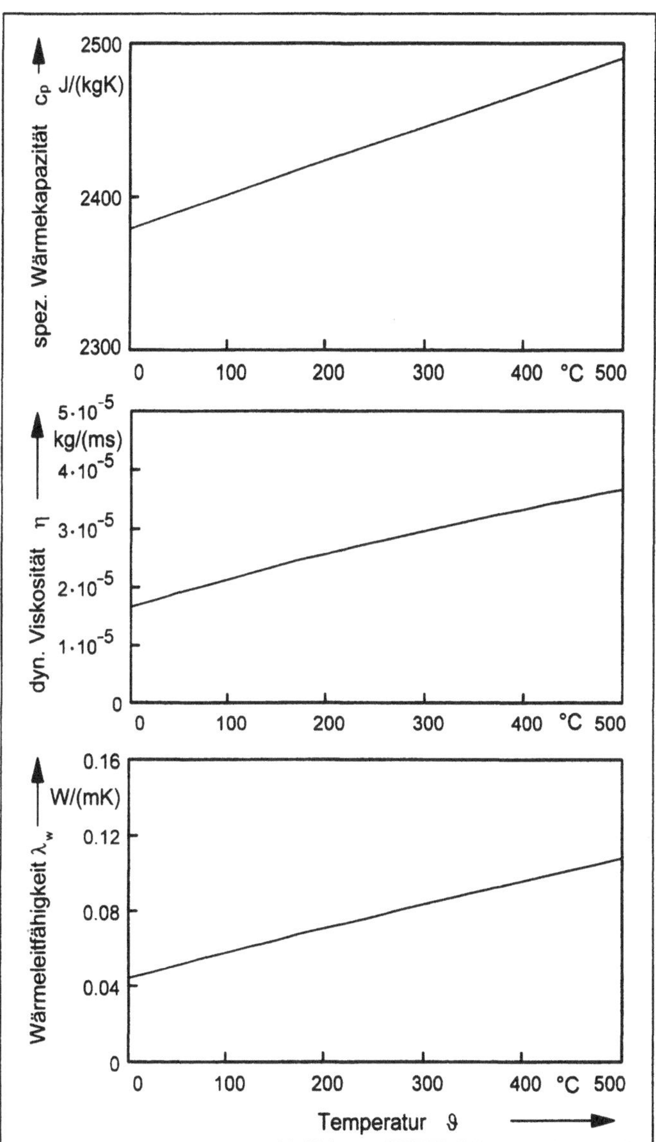


Abb. A.1: Spezifische Wärmekapazität, dynamische Viskosität und Wärmeleitfähigkeit in Abhängigkeit von der Temperatur. Standardgasgemisch. Werte der Gemischkomponenten aus [70].

## A.2 Anmerkungen zur Messung von Gasmassenflüssen

Die präzise Messung des Gasmassenflusses ist insbesondere bei den kompakten schnell geströmten Gaslasersystemen nicht trivial. In einem Strömungsquerschnitt muß dazu die komplette Geschwindigkeitsverteilung ermittelt werden. Weil die Strömungsgeschwindigkeit eng mit dem Staudruck $q$ verbunden ist

$$q = \frac{1}{2}\rho v^2 , \tag{A.11}$$

kann die Geschwindigkeitsmessung auf die Erfassung der Druckdifferenz zwischen Gesamtdruck $p_T$ und statischem Druck $p$ reduziert werden:

$$q = p_T - p . \tag{A.12}$$

Die dafür eingesetzten *Prandtl*-Sonden weisen jedoch eine Richtungsabhängigkeit auf, so daß es empfehlenswert ist, in einem Strömungsquerschnitt zu messen, der ein weitgehend hydrodynamisch eingelaufenes Strömungsprofil aufweist. Dieser Anforderung kann bei einem strömungsoptimierten Gaskreislauf nur das hintere Ende der Entladungsrohre näherungsweise genügen. Hier kann jedoch während der eigentlich interessanten Lasertätigkeit kein solcher Strömungseingriff stattfinden.

Eine mögliche Lösung des Dilemmas ist eine Kalibriermessung. Dazu wird an einer Position zwischen Gaskühler und Entladungsrohreintritt eine *Prandtl*-Sonde als Referenz so angebracht, daß die verursachten Strömungsstörungen zu vernachlässigen sind. Wenn nun die Geschwindigkeitsverteilung im Entladungsrohr ohne Laserbetrieb nach einem geeigneten Verfahren (siehe z.B. [44]) aufgenommen und daraus gemäß Gleichung 3.2 der Massenfluß bestimmt wird, so kann an der Referenzsonde eine diesem Massenfluß zugeordnete Druckdifferenz abgelesen werden. Diese Vorgehensweise wird dann bei verschiedenen Massenflüssen wiederholt. Man erhält so die Möglichkeit, während des Laserbetriebs den Massenfluß an der Referenzsonde schnell ablesen zu können.

Für eine präzise Messung ist weiterhin nötig, daß Gasdruck und -temperatur an der Stelle der Referenzsonde nicht variiert und eine gleichmäßige Aufteilung der Strömung und der zugeführten elektrischen Leistung in die parallel angeordneten Entladungsrohre gewährleistet ist.

## A.3 Verknüpfung von Gasdichte und Brechungsindex

Das elektrische Feld einer Lichtwelle, die durch das Gas dringt, stört die Ladungsverteilung der Atome und Moleküle und induziert ein Dipolmoment. Die physikalische Formulierung dieses Zusammenhangs geht auf *Clausius-Mosotti* und *Lorenz-Lorentz* zurück (siehe z.B.: [75], [76], [77]):

$$\frac{\varepsilon_r - 1}{\varepsilon_r + 2} = \frac{Ne^2}{3\varepsilon_0 m_e}\left(\sum_r \frac{f_r}{\omega_r^2 - \omega^2 + i\gamma_r\omega} - \frac{N_e}{N}\frac{1}{\omega^2}\right) . \tag{A.13}$$

Dabei ist $e$ die elektrische Elementarladung, $m_e$ die Ruhmasse eines Elektrons, $N$ die Dichte der Gasteilchen[1] und $N_e$ ist die der Elektronen, $\omega$ ist die Kreisfrequenz der durch das Gas dringenden Lichtwelle, $\omega_r$ die r-te Resonanzkreisfrequenz mit der quantenmechanischen Oszillatorstärke $f_r$ des Gases und $\gamma_r$ die natürliche (Lorentz-) Linienverbreiterung.

Der in der Klammer links stehende Summationsterm repräsentiert die Beiträge der verschiedenen Elektronenoszillatoren, nämlich der Atome und Moleküle, mit ihren verschiedenen Resonanzkreisfrequenzen. Der rechts in der Klammer stehende Term zeigt den Beitrag der freien Elektronen. Für die laserrelevanten Gasentladungen liegt der Ionisationsgrad im Bereich $N_e/N \approx 10^{-7}$ [1], [52], d.h. der Beitrag der freien Elektronen zum Brechvermögen kann im weiteren vernachlässigt werden.

## A.3.1. Betrachtung des Sonderfalls abseits der Resonanzstellen

Wenn für die interferometrische Messung ein HeNe-Laser der Wellenlänge $\lambda = 632.8$ nm eingesetzt wird, ist sichergestellt, daß die im infraroten Bereich liegende Resonanzstelle $\lambda = 10.6\ \mu$m nicht tangiert ist. Wegen $|\omega_r^2 - \omega^2| \gg |\gamma_r \omega|$ kann die Dämpfung dann vernachlässigt werden.

Berücksichtigt man ferner die *Maxwell*-Beziehung

$$\tilde{n} = \sqrt{\varepsilon_r}\,, \tag{A.14}$$

die den komplexen Brechungsindex [1] $\tilde{n} = n(1 - ik)$ – wobei $k$ den Absorptionsindex repräsentiert – mit der relativen Dielektrizitätszahl verknüpft und die Tatsache, daß der Brechungsindex $n$ für alle Gase sehr dicht bei 1 liegt, so ergibt sich die *Gladstone-Dale* Beziehung:

$$n - 1 = \frac{\rho N_A e^2}{2\varepsilon_0 m_e M} \sum_r \frac{f_r}{\omega_r^2 - \omega^2}\,, \tag{A.15}$$

die auch in der vereinfachten Version [78] dargestellt werden kann:

$$n - 1 = \frac{3}{2} \rho \Re\,. \tag{A.16}$$

Hier ist $\Re$ die nur noch von der Wellenlänge abhängige spezifische Refraktion (spezifisches Brechvermögen) eines Gases. Die *Gladstone-Dale* Beziehung besagt also, daß beispielsweise bei Verwendung der Meßstrahlung von HeNe-Lasern einer gegebenen Gasdichte ein bestimmter Brechungsindex zugeordnet ist. Dies gilt grundsätzlich auch unter der Einwirkung einer Gasentladung. Einschränkend muß nur berücksichtigt werden, daß Beiträge angeregter Zustände nicht berücksichtigt sind und zu Fehlinterpretationen führen können.

Die spezifische Refraktion einer Gasmischung setzt sich gemäß [79], [80]

1. Es gilt $N = \rho(N_A/M)$ mit der *Avogadro-Konstanten* $N_A = 6.022 \cdot 10^{26}$ Teilchen / kmol .

$$\Re = \sum_i \xi_i \Re_i \tag{A.17}$$

aus den spezifischen Refraktionen und Massenanteilen der einzelnen Gemischkomponenten zusammen. In Tabelle A.1 sind die spezifischen Refraktionen der beteiligten Gaskomponenten sowie der resultierende Wert für das Standardgasgemisch aufgeführt.

| | spezifische Refraktion[a] $\Re$ |
|---|---|
| $CO_2$ | $152.1338 \cdot 10^{-6}$ m³/kg |
| He | $130.2630 \cdot 10^{-6}$ m³/kg |
| $N_2$ | $159.2415 \cdot 10^{-6}$ m³/kg |
| Standardgasgemisch He:$N_2$:$CO_2$ = 80:15:5 | $147.9527 \cdot 10^{-6}$ m³/kg |

Tabelle A.2: Spezifische Refraktionen der einzelnen Gemischkomponenten und des Standardgasgemisches. Werte der Komponenten aus [71], [21], [78].

a. Die angegebenen Refraktionswerte gelten für die Lichtwellenlänge 632.8 nm (roter HeNe-Laser).

## A.3.2. Betrachtung des Sonderfalls in einer Resonanzstelle

Es ist nun interessant zu beschreiben, wie sich eine bestimmte mit Hilfe der HeNe-Interferometrie gemessene Dichteverteilung des Gases auf das Brechvermögen in bezug auf die eigentlich emittierte Laserstrahlung auswirkt. Dazu muß das Resonanzverhalten der *Clausius-Mosotti* Beziehung Gleichung A.13 betrachtet werden.

Nach [75] gelten im Resonanzfall für den Real- und Imaginärteil vom Brechungsindex die folgenden Beziehungen:

$$n(\omega) = n_0 + \frac{e^2 N f_r (\omega_r - \omega)}{4\omega_r m_e \varepsilon_0 \left[(\omega_r - \omega)^2 + \frac{\gamma_r^2}{4}\right]}, \tag{A.18}$$

$$nk(\omega) = \frac{e^2 N f_r \gamma_r}{8\omega_r m_e \varepsilon_0 \left[(\omega_r - \omega)^2 + \frac{\gamma_r^2}{4}\right]}, \tag{A.19}$$

mit dem Maximalwert der Absorptionskurve

$$\widehat{nk} = \frac{e^2 N f_r}{2 m_e \varepsilon_0 \omega_r \gamma_r}; \tag{A.20}$$

$n_0 = n(\omega_r)$ ist dabei der Brechungsindex der sich bei Abwesenheit der Resonanz, also bei $f_r \rightarrow 0$, einstellen würde.

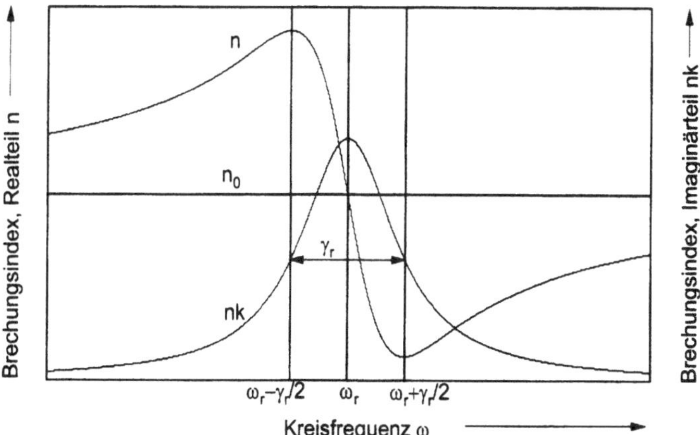


Abb. A.2: Real- und Imaginärteil des Brechungsindex im Gebiet der Resonanzkreisfrequenz $\omega_r$. Die Halbwertsbreite der Absorptionskurve beträgt $\gamma_r$. Die Kurven sind nicht zueinander skaliert.

Die Gleichungen A.18 und A.19 sind in Abbildung A.2 prinzipiell dargestellt. Der Brechungsindex steigt mit zunehmender Kreisfrequenz, mit Ausnahme des Frequenzbereichs zwischen Maximum und Minimum. Dieser Bereich entspricht der Halbwertsbreite der Absorptionskurve, d.h. die Extremwerte von $n$ liegen bei $\omega_r \pm \gamma_r/2$. Die Frequenzbereiche, in denen $dn/d\omega > 0$ gilt, sind die der *normalen Dispersion*. *Anomale Dispersion* liegt im Gebiet $dn/d\omega < 0$ vor.

Für den üblichen Druckbereich oberhalb 100 hPa, in dem $CO_2$-Laser betrieben werden, ist die Dispersion jedoch nicht durch die natürliche Linienverbreiterung, sondern durch die Druckverbreiterung bestimmt [1]. Stöße der Gasteilchen untereinander führen zu einer Verkürzung der Lebensdauer angeregter Zustände und so zu einer Linienverbreiterung. Die inhomogene Dopplerverbreitung ist hingegen typischerweise mindestens eine Größenordnung geringer [49], [81], so daß sie vernachlässigt werden kann. In den vorgestellten Betrachtungen ist die natürliche Verbreiterung $\gamma_r$ also lediglich durch die Druckverbreiterung $\gamma_C$ zu ersetzen.

Weiterhin kann beim Übergang vom absorbierenden zum verstärkenden, laseraktiven Medium der Absorptionsindex $k$ durch den Koeffizienten der Kleinsignalverstärkung $g_0$ ersetzt werden.

Die Gleichung einer ebenen elektromagnetischen Welle, die in einem Medium mit dem Brechungsindex $\tilde{n}$ in z-Richtung propagiert, lautet:

$$E(z,t) = E_0 e^{-i\left(\omega t - \frac{2\pi}{\lambda}\tilde{n}z\right)} = E_0 e^{-i\left(\omega t - \frac{2\pi}{\lambda}nz\right)} e^{-\frac{2\pi nk}{\lambda}z} \quad \text{(A.21)}$$

Die durch den letzten Exponentialterm ausgedrückte Absorption dieser Welle im Medium kann auch mit dem *Beer*'sches Absoptionsgesetz formuliert werden:

$$I(z) = I_0 e^{-az} . \qquad (A.22)$$

Wenn berücksichtigt wird, daß die Leistungsdichte $I$ dem Quadrat der elektrischen Feldstärke $E$ proportional ist, ergibt ein Koeffizientenvergleich der 2 Absorptionsterme die Beziehung zwischen Absorptionsindex $k$ und Absorptionskoeffizienten $a$:

$$a = \frac{4\pi nk}{\lambda} . \qquad (A.23)$$

In einem laseraktiven Medium nimmt der Absorptionskoeffizient negative Werte an, das Medium wirkt verstärkend und es gilt:

$$g_0 = -a . \qquad (A.24)$$

Die Druckverbreiterung kann für die typisch vorherrschenden Bedingungen nach [49] zu ungefähr $\gamma_C = 3.6\,\text{GHz}$ bestimmt werden. Dieser Kreisfrequenzbereich ist die Halbwertsbreite der von einem laseraktiven $CO_2$-Medium ohne Laserresonator ausgesandten Strahlung. Bei Vorhandensein eines Laserresonators können jedoch in Abhängigkeit von der Resonatorlänge nur ganz bestimmte longitudinale Moden anschwingen. Der Kreisfrequenzabstand zwischen benachbarten Moden ergibt sich zu [1]

$$\Delta\gamma_L = \pi\frac{c}{L_R} ; \qquad (A.25)$$

Bei einer Resonatorlänge von 10 m ergibt sich also beispielsweise $\Delta\gamma_L = 95\,\text{MHz}$ . Die Kreisfrequenz-Halbwertsbreite einer longitudinalen Mode $\gamma_R$ ist wiederum eng mit dem Laserresonator und der resultierenden Resonatorgüte verknüpft [1]:

$$\gamma_R = \frac{c}{2L}(1 - R_G V_F) . \qquad (A.26)$$

Mit einem Reflexionsgrad von $R_G = 0.5$ sowie einem Verlustfaktor $V_F \approx 1$ ergibt sich hier ein typischer Wert von $\gamma_R = 7.5\,\text{MHz}$ .

In Abbildung A.3 ist der Extremfall dargestellt. Von den möglichen, äquidistant verteilten, longitudinalen Moden sind nur die vier dargestellt, die der Resonanzkreisfrequenz am nächsten liegen. Anschwingen wird jedoch immer[1] die Mode mit der höchsten Verstärkung. Im skizzierten Extremfall sind das genau die zwei mittleren Moden. Um den jeweils gültigen Brechungsindex zu ermitteln, ist die Linearisierung von $n(\omega)$ in Gleichung A.18 im Punkt $\omega_r$ eine zulässige Näherung[2]:

1. Bei Vernachlässigung des „spatial hole burning"-Phänomens [64].

$$\left.\frac{dn}{d\omega}\right|_{\omega_r} = -\frac{e^2 N f_r}{m_e \varepsilon_0 \omega_r \gamma_c^2} . \tag{A.27}$$

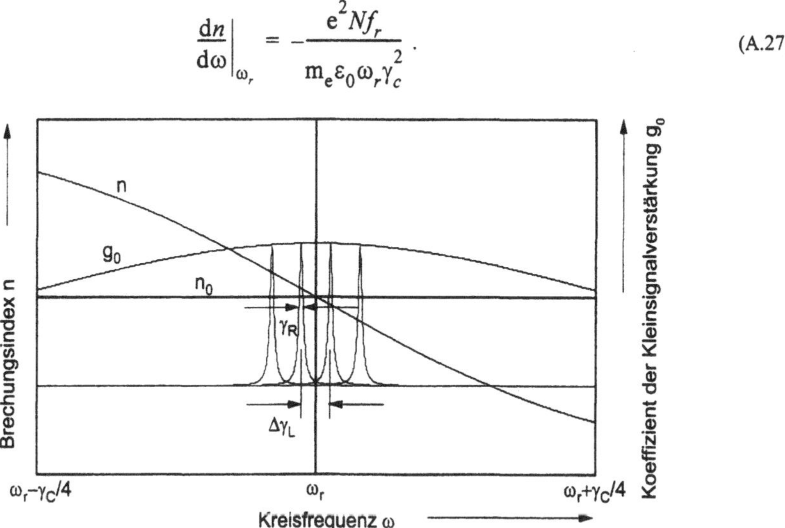


Abb. A.3: Vergrößerte Darstellung von Brechungsindex $n$ und Koeffizient der Kleinsignalverstärkung $g_0$ im Gebiet der Resonanzkreisfrequenz $\omega_r$ mit 4 möglichen longitudinalen Moden.

Mit Hilfe der Gleichungen A.20 und A.23 und der Annahme, daß der Absorptionsindex dem Absorptionsmaximum zugeordnet ist, kann dieser Zusammenhang auch einfacher dargestellt werden:

$$\left.\frac{dn}{d\omega}\right|_{\omega_r} = -\frac{a\lambda}{2\pi\gamma_c} . \tag{A.28}$$

Der mögliche Brechungsindex-Bereich ist also durch

$$n_0 + \left(\frac{\Delta\gamma_L}{2}\right)\left.\frac{dn}{d\omega}\right|_{\omega_r} \leq n \leq n_0 - \left(\frac{\Delta\gamma_L}{2}\right)\left.\frac{dn}{d\omega}\right|_{\omega_r} \tag{A.29}$$

gegeben. Bei der in diesem Bereich anschwingenden longitudinalen Mode ist der Halbwertsbreite $\gamma_R$ dann die *Brechungsindexunschärfe*

$$\delta n = \left|\gamma_R \left.\frac{dn}{d\omega}\right|_{\omega_r}\right| = \frac{g_0 \lambda \gamma_R}{2\pi\, \gamma_c} \tag{A.30}$$

2. Hier wurde die natürliche Verbreiterung durch die gültige Druckverbreiterung ersetzt.

zugeordnet. Diese ist nur noch von der Resonanzwellenlänge und dem Koeffizienten der Absorption bzw. der Kleinsignalverstärkung sowie dem Verhältnis von durch den Resonator und dem Medium bestimmten Halbwertsbreiten abhängig.

Wie beispielsweise in Kapitel 10 gezeigt wird, liegen typische Werte für den Koeffizienten der Kleinsignalverstärkung eines verstärkenden $CO_2$-Mediums bei $g_0 = -a \leq 1\,\mathrm{m}^{-1}$. Der Bereich der Brechungsindexunschärfe für schnellgeströmte $CO_2$-Laser kann also mit $\delta n \leq 3.5 \cdot 10^{-9}$ abgeschätzt werden. Dieser Unschärfebereich ist sehr klein gegen die mögliche interferometrische Meßgenauigkeit und gegen den für Strahlung der Resonanzwellenlänge gültigen Brechungsindex $n_0$. Es kann also davon ausgegangen werden, daß die HeNe-Interferometrie nicht nur die Messung der Gasdichteverteilung, sondern ebenfalls auch die Vorhersage der Wirkung dieser Verteilung auf die emittierte Strahlung erlaubt. Auf eine interferometrische Untersuchung des laseraktiven Mediums mit der Resonanzwellenlänge kann somit verzichtet werden.

# Danksagung

An dieser Stelle möchte ich all jenen danken, die mir in freundschaftlicher Unterstützung und kollegialer Zusammenarbeit geholfen haben, die vorliegende Arbeit anzufertigen und erfolgreich abzuschließen.

Zunächst danke ich aufrichtig meinen Eltern, die meine Ausbildung durch ihre Unterstützung erst ermöglichten und auch mein Studium finanzierten.

In diesem Studium haben der leider viel zu früh verstorbene Herr Prof. W. Bloss und Herr Dr. J. Köhler mein Interesse an der Laserphysik geweckt und mir auch Gelegenheit zu ersten praktischen Tätigkeiten in diesem Gebiet gegeben, wofür ich beiden recht dankbar bin.

Herr Prof. Dr. H. Hügel und Herr Dr. A. Giesen haben mich dann freundlich in die Abteilung Laserentwicklung des Instituts für Strahlwerkzeuge aufgenommen und meine Forschungsaufgaben stets wohlwollend begleitet und unterstützt. Während dieser Zeit standen mir Herr Dr. Rüdiger Paul, Herr Dr. Klaus Breining sowie Herr Dipl.-Phys. Christian Schmitz als allzeit hilfsbereite und in Freundschaft verbundene Kollegen zur Seite. Ich möchte auch an die Studenten erinnern, die meine Arbeit mit eigener Kreativität unterstützten, allen voran Herr Dipl.-Ing. Julian Sigel, Herr Dipl.-Ing. Armin Herdtle und Herr Ingo Schmid. Die technische Erfahrung und Kreativität von Herrn Werner Hennig und Herrn Manfred Frank, das effiziente Zusammenwirken der Abteilungen und Sekretariate, und hier ist insbesondere Frau G. Pokern zu nennen, all dies sind Gründe für das von mir sehr geschätzte, gute und fruchtbare Arbeitsklima an diesem Institut. Allen, auch den hier nicht namentlich genannten Mitarbeitern, sei dafür herzlich gedankt.

Bei meinem Doktorvater, Herrn Prof. Dr. H. Hügel, möchte ich mich besonders bedanken für das Vertrauen, das er mir immer entgegen gebracht hat und für seine bemerkenswerte Fürsorge, die dem Wortsinn der Bezeichnung „Doktorvater“ überaus gerecht wird.

Ein herzliches Dankeschön auch an Herrn Prof. Dr. U. Schumacher für sein Interesse und seine freundliche Bereitschaft, den Mitbericht anzufertigen.

Zu guter Letzt möchte ich mich ganz herzlich bei meiner geliebten Frau Britta bedanken, die unsere Kinder Luca und Emely zuletzt quasi-alleinerziehend betreute und trotzdem, zusammen mit den Kindern, mir immer einen Ort zum krafttanken bot.

Stuttgart, Juli 1998